铺装景观设计方法及应用

陈丙秋　张肖宁　编著

中国建筑工业出版社

图书在版编目（CIP）数据

铺装景观设计方法及应用/陈丙秋，张肖宁编著.—北京：中国建筑工业出版社，2006
ISBN 7-112-08292-7

Ⅰ.铺… Ⅱ.①陈… ②张… Ⅲ.铺装－景观－环境设计 Ⅳ.TU-856

中国版本图书馆CIP数据核字（2006）第038531号

本书对铺装景观的地位、作用、功能、设计原则、设计要素、材料、结构、施工工艺、运用等方面进行了深入的探讨，为铺装景观的规划、设计、施工等提供了一定的理论指导。书中收集了国内外铺装景观实例300余幅图片，为专业技术人员提供了丰富的参考资料，同时也可以满足广大读者的审美需求。

本书作为抛砖引玉之作可供从事城市规划、城市设计、城市建设、城市管理以及建筑、园林、环境艺术等专业人员和高等院校的相关专业师生参考。

责任编辑：杨　军
责任设计：崔兰萍
责任校对：张树梅　王金珠

铺装景观设计方法及应用
陈丙秋　张肖宁　编著
*
中国建筑工业出版社 出版、发行(北京西郊百万庄)
新 华 书 店 经 销
北京图文天地中青彩印制版有限公司制版
印刷　北京佳信达艺术印刷有限公司
*
开本：889×1194毫米　1/16　印张：$11\frac{3}{4}$　字数：370千字
2006年7月第一版　2006年7月第一次印刷
印数：1—2500 册　　定价：116.00元
ISBN 7-112-08292-7
(14246)

本社网址：http://www.cabp.com.cn
网上书店：http://www.china-building.com.cn

前言

城市，是一个国家或地区经济、文化和各项事业的中心。城市景观艺术，是在历史的发展中，由城市建筑文化积累而逐渐形成并不断发展的一种艺术美，城市中历史性的古建筑、著名的公共建筑和广场，都会给人们以深刻的记忆和联想。

然而，近年来随着城市化速度的加快，以及城市本身建设速度的加快，出现了千篇一律的城市形象。一些城市开始从整顿城市街道入手解决“城市特色危机”问题，并取得了较好的效果。这是因为城市街道不仅反映一个城市的政治、经济、文化的发展水平，也是城市形象和城市环境景观的核心。城市街道的地位及其交通运输的基本功能容易被人们所理解，而随着城市的发展、社会的进步、人们的观念和生活方式的改变，城市街道在城市生活中扮演起更多的角色。除满足各种交通运输的基本功能之外，还要为人们提供各种公共活动，如交往、购物、餐饮、休闲、娱乐等，同时还要承担继承传统文化、满足人们审美要求等非物质性的重任。

城市街道景观可以认为是由顶界面、侧界面和底界面构成的。顶界面即城市天际线，是侧界面顶部边界所确定的天空，它是最富变化、最自然化并能提供自然条件的界面；侧界面即道路两侧的建筑立面集合而成的竖向界面，反映着城市的历史与文化，长久以来一直是城市建筑师们的研究重点；底界面即地面，不仅使建筑物可以耸立其上，汽车行驶于其间，人们休闲于其中，它自身也有个性与生命，这一点却常常被人忽视，对城市底界面形体环境与交通功能和活动支持之间的关系还未能得到足够的重视。

在我国现代城市中，随着城市生活的丰富多样及人们在城市中休闲活动的日益增多，城市公共空间越来越受到重视，改善公共空间的环境质量，建设特色化城市已是我国城市化进程中亟待解决的重要课题。而铺装景观（包括路面、人行道、广场、巨型建筑地坪、园林道路、居民区道路、岸线道路等）能够表现城市公共空间的底界面的个性与生命，保证和提高城市公共空间的环境质量，满足人们对城市生活的增长要求。由此可见，对铺装景观的研究在我国有着迫切的需求和深远的影响。

城市铺装景观的历史可以追溯得非常久远。而在现代，工业化国家在完成城市交通基本建设后，都比较重视城市铺装景观的建设、经过几十年的努力，国外已经把城市铺装景观问题的研究和实践构筑成一个基本完整的体系，铺装景观被大量应用于外部空间设计中，出现了一批优秀的铺装景观设计作品。

在我国，古代的铺地也十分考究。但建国以后，由于城市建设长期以来遵循着“实用、经济、在可能的条件下讲究美观”的原则，束缚我们的城市向国际化、现代化发展。今天“可持续发展理论”的提出，使经济学、社会学、行为学、系统工程学、美学、心理学等学科在城市规划中得到了普遍应用，为我们树立新的观念奠定了基础。城市景观环境建设取得了显著进展，在一些形象工程中对于铺装的环境艺术效果也给予了较高的重视，但与建筑环境的改造效果相比还存在相当大的差距。

在人类社会把环境问题列为第一主旋律的今天，在适用基础上寻求美观的观点已随历史的车轮转过，景观工程已成为城市建设领域中不可缺少的一环，铺装景观作为改善城市底界面环境的最有效手段必将得到广泛应用。本书通过大量文字对铺装景观的地位、作用、功能、设计原则、设计要素、材料、结构、施工工艺、运用等方面进行了深入地探讨，为铺装景观的规划、设计、施工等提供了一定的理论指导。书中收集了国内外铺装景观实例近300幅，为专业技术人员提供了丰富的参考资料，同时也可以满足广大读者的审美需求。

铺装景观的研究在我国尚属起步阶段，还有许多问题有待解决，本书作为抛砖引玉之作可供从事城市规划、城市设计、城市建设、城市管理以及建筑、园林、环境艺术等专业人员和高等院校的相关专业师生参考。希望能够与致力于此项研究的广大同仁们共同努力，推进我国铺装景观事业的蓬勃发展，营造更加优美宜人的高质量城市生活空间。

目　录

第一章　城市外部空间景观

第一节　城市外部空间概念

随着人类社会不断进步，城市化进程加快，城市环境发展问题被日益引起注意，进入21世纪，环境问题已经成为人类社会高度关注的第一议题。居住在城市的人们不仅需要良好的住房，便捷的交通，快捷的信息，更需要优美的环境，人们不愿禁锢在冷漠的钢筋混凝土的城市建筑中(图1-1)，人们需要优美的充满和煦阳光和温馨情感的外部空间(图1-2)。

那么，何为外部空间呢？日本著名建筑师芦原义信在《外部空间设计》中做出了明确的解释。外部空间是从自然当中由框框所划定的空间，与无限伸展的自然是不同的。外部空间是由人所创造的有目的的外部环境，是比自然更有意义的空间。它是与内部空间相对而言的，建筑内部空间根据常识来说是由地板、墙壁、顶棚三要素所限定的，而外部空间因为是作为“没有屋顶的建筑”来考虑的，所以就必然由地面和墙面这两个要素

图 1—1

图 1—2

所限定。换句话说，外部空间就是用比建筑少一个要素的二要素所创造的空间。

在现代城市中，外部空间一般都是开放的，因此我们有必要对开放空间的概念进行研究。开放空间一词自诞生以来，各国学者基于不同的出发点和看待问题的角度对其定义及范围提出了不同的解释。英国1906年修编的《开放空间法》将开放空间定义为：任何围合或是不围合的用地，其中没有建筑物，或者少于二十分之一的用地有建筑物，而剩余用地用作公园或娱乐，或者是堆放废弃物，或是不被利用。美国1961年的《房屋法》规定开放空间是“城市区域内任何未开发或基本未开发的土地，具有：①公园和供娱乐用的价值；②土地及其他自然资源保护的价值；③历史或风景的价值。”日本学者高原荣重认为开放空间就是由公共绿地和私有绿地两大部分组成。H · 塞伯威尼则把开放空间定义为“所有的园林景观、硬质景观、停车场以及城市里的消遣娱乐设施。”C · 亚历山大在《模式语言：城镇建筑结构》中对开放空间的定义则是：“任何使人感到舒适，具有自然的屏靠并可以看往更广阔空间的地方，均称之为开放空间。”而随着时代的发展，生态环境问题受到全球性的关注，可持续发展的观念被人们广泛接受，人类对人与环境的重新认识使开放空间的概念被赋予了更新意义的内涵。中国学者金广君在《图解城市设计》中将其定义为由城市中的建筑物、构筑物、树木、室外分隔墙等垂直界面和地面、水面等水平界面围合，由环境小品、使用者、使用元素等点缀而成的城市空间；或是由建筑物、构筑物、树木、室外分隔墙等垂直实体控制和影响的城市空间。唐勇在《城市开放空间规划及设计》中将开放空间定义为城市空间系统的一个子系统，是向市民公众开放，为城市各种公共活动、社会生活服务的空间场所及环境，它包括城市中的广场空间、绿色空间、步行空间和亲水空间。单俔等在《开放空间景观设计中》则认为城市或城市群中，在建筑实体之外存在的开敞空间都可称作开

图 1–3

放空间，它是人与人、人与自然、人与社会进行信息、物质、情感、能量交流的重要场所。它包括绿地、江湖水体、待建与非待建的敞地、农林地、滩地、山地、城市的广场和道路等空间(图1-3)。它们担负着城市多样的生活、活动、生物的自然消长、隔离避灾、通风导流、表现地景以及限制城市无限蔓延等多重功能，是城市生态与城市生活的多重载体。开放空间包含生态、娱乐、文化、美学或其他各种与可持续发展的土地使用方式相一致的多重目标。笔者认为这一定义更加符合我国城市的发展现状，也可作为一个重新建立的更加具体化的外部空间概念。

外部空间是城市的重要组成部分，在城市中有着重要的地位与作用。全球经济一体化理念带来各国城市建设管理模式的变革，1998年9月，中国城市经济学会会长汪道涵在上海召开的纪念十一届三中全会20周年研讨会上明确指出，今后城市现代化建设要走经营城市的新路。什么是经营城市?目前有不同的概括和解释。著名经济战略专家王志纲对“经营城市”的见解是在明确的城市定位和城市发展战略的指导下，以可持续发展的眼光确立城市的先导产业，强化支柱产业，积极、有序地推进城市的扩张，打造城市的综合竞争力和核心竞争力，并在此基础上进行城市形象的塑造和推广，最终达到使城市不断增值和可持续发展的目的。中国城市发展研究会副理事长朱铁臻认为，所谓经营城市，是从政府角度出发，运用市场经济手段，对城市的自然资源、基础设施资源、人文资源等进行优化整合和市场化运营，实现资源合理配置和高效使用，促进城市功能完善，提高城市素质。其中，自然资源主要是指城市的土地、山水、空间等；基础设施资源主要是指城市的电力、道路、桥梁、通信网络以及市政公用设施等；人文资源主要是指城市的人力资源、文化资源、科技资源和政府资源等。由以上几类资源派生出来的资源还有信息资源、品牌资源、形象资源和注意力资源等，这些都是可供经营的城市资源。随着城市现代化的发展、科技的发展，城市经营资源的内涵和外延还将不断丰富和扩大，新的资源将不断被开拓和产生，经营城市的内容将越来越广泛。经营城市是城市化和城市现代化进程的必由之路。因此，在世界经济、科技高速发展的今天，使城市朝着现代化方向健康、可持续发展，向人们提供优美的外部空间成为必然。把握城市历史文脉，发掘深厚文化遗产，创造出具有观赏、休闲、交往、健身、娱乐等多功能多情趣高质量高品位的外部空间，是当今世界各国城市发展的主要目标和基本内容。

第二节　城市外部空间景观构成与作用

城市外部空间景观，从狭义上来讲，包括城市的地形地貌、江湖水体、街路、广场、建筑物、构筑物、园林、绿地、艺术小品等物象给人们的视觉感受。而从广义上讲，还包括地方历史文化、民族特色、艺术传统、人们的日常生活、公共交流以及节日集会、喜庆活动等所反映的文化、习俗、气氛、精神风貌等。就此意义而言，城市外部空间景观不是一个单纯静止的三维空间，它还包括历史——流动的时间和人类的活动与行为。

人创造环境，环境影响人。城市外部空间景观是人类对于城市总体布局或局部物象激起的综合视觉感受。优美的外部空间景观能够激发人们产生美的感受，并潜移默化地影响着城市居民的身心健康，促使居民保持积极向上的心理情绪，并以充分的社会积极性参与生产活动和社会生活(图1-4)。创造优美的城市外部空间景观是文明高度发展阶段人类必然产生的共同要求，它能够为人类提供一个物质功能和审美功能高度统一的高质量现代城市居住环境。

这里要特别说明的是，街路可以理解为城市中的带状景观，而广场可以理解为点状景观，二者均是构成城市外部空间景观的重要元素。由于广场可以看作是街路的节点，为了叙述方便，本书后面论述的“街路”均为包含广场在内的广义上的街路概念。

图 1—4

第三节　我国城市外部空间景观问题与发展

随着我国城市化进程加快和城市建设速度加快，城市不断膨胀，人口迅猛增长。经济发展的短期效益导致过高的建筑密度，过窄的建筑间距，过小的城市绿地(图1-5)。不断耗费数额庞大的公共积累修建的道路设施远不足以抵御逐年增长的机动车交通量，高架路无情地破坏着城市景观(图1-6)，大量车流傲慢地入侵，使人性的空间蜕变成仅为汽车服务的非人性空间(图1-7)。城市环境日益恶化，休闲娱乐空间不足，过去自在、安宁、美丽、富于人情味的城市景观和城市街路生活难觅踪影。随着生产力的发展，人们生活水平不断提高，人类生活方式曾经从"日出而作，日落而息"这样的"单纯型"转化为工业化时代的"机械劳动型"，近二十年来，经济发展与长期和平则使得城市居民逐步向工作、休闲、娱乐、旅游、度假相结合的多样化生活方式转变。改善城市面貌，增加城市公共开放空间数量与质量，营造恬静、安全、文明生活环境的呼声日益高涨。进入20世纪90年代，人们越来越重视外部空间公共环境的开发与设计，上海、北京、大连等地率先进行了城市外部空间景观规划、设计与建设，有效改善了城市环境，增强了城市国际知名度与影响力。广州也在90年代末开始全面实施城市环境整治规划和形象工程规划，经过几年的努力，"花城"笑换容颜，身姿秀美，成为世界上人口最多的"国际花园城市"，并荣获"2002年联合国改善人居环境最佳范例(迪拜)奖"，环境的改善取得了良好的社会效益，同时也促进了经济的迅猛发展。目前，改善人居环境在我国已得到高度重视，天津、重庆、西安、武汉、哈尔滨、青岛、厦门等众多大中城市都相继掀起了创建优秀城市景观的热潮，外部空间景观工程已被列为城市发展建设的重点项目。

城市外部空间景观设计经历了十几年的快速发展取得了不少成果，但同时也显现出许多不足，尤其是"城市特色危机"问题。盲目的抄袭借鉴使统一模式的建筑充塞了各类城市，破坏了城市特有的历史文化和民俗风情，出现了千篇一律的城市形象，降低了市民对城市的认同感与亲切感。而随着人们文化水平的提高，市民已不再仅仅满足于空间环境的美观与整洁，而是对其文化特色、所反映的精神功能提出更高要求。因此，发掘外部空间深层次的

图 1–5

艺术美与文化内涵，建设特色化城市已是我国城市化进程中亟待解决的重要课题。

城市化的结果打破了自然界的生态平衡，人类为此付出了极大的代价进行环境保护，为居民创造健康生活、成长的生态环境是目前城市建设者们努力的方向，而绿化正是达到这一目标必不可少的手段。在城市中设置一些草坪、绿化景观带、绿化广场可以调节空气的温度、湿度和流动状态，吸收二氧化碳，放出氧气，阻隔、吸收烟尘，降低噪声，有效地美化外部空间环境(图1-8)。然而，目前一些城市一味追求绿化覆盖率，忽略了市民对外部空间的使用需求，导致市民公共活动空间不足。其设置的草坪大多为观赏性环境景观草坪，不能作为市民的活动场地，而绿化景观带和绿化广场也是以观赏为主，内部布置的步行道仅供人通过，无法满足市民休闲娱乐的要求，即使有休闲性环境景观草坪，在雨季也为市民带来不便，在北方更要受到季节的影响。因此要对城市外部空间进行合理的规划，既要拥有一定的绿化面积，又要保证足够的市民公共活动空间。那么，如何营造公共活动空间温馨宜人的氛围，吸引市民置身其中，无拘无束地交往、休闲、娱乐、健身呢？这正是本书要研究的问题。

图 1–6

图 1–7

图 1–8

第二章　城市街路环境景观

第一节　城市街路功能与作用

城市街路在城市中具有重要的地位和作用，是构成城市的基本框架，联系着城市各功能区之间的往来，与城市的生活密不可分。街路是城市交通运输的基础，市民的日常出行都要依靠城市交通来解决。街路是布置城市基础设施的场所，电力电信线网、燃气供暖管道、给水排水管道等都铺设在城市街路下，以保障城市生活的正常运转。同时街路也是城市生活的重要场所，是市民进行集会、休闲、交往、健身等活动的主要空间。

街路是展现城市外部空间景观最集中、最重要的载体，街路景观是城市外部空间景观的重要组成部分(图2-1)。任何一座有特色的城市都会有各自独特的街路景观，这些街路景观具有鲜明的文化特色与民族传统，反映着城市的发展过程，记载着城市的历史，蕴含着城市的文化，是城市历史和文化的延续。

街路作为城市交通运输的动脉和展示城市外部空间景观的舞台，直接反映了城市的发展水平和城市文明的程度。良好的街路景观环境是一个城市政治、经济、文化和技术的集中表现，可以增强市民的自豪感和凝聚力，激发市民的生活热情，增添都市活力，促进城市物质文明和精神文明的良性发展。

图 2—1

第二节　我国城市街路环境景观发展简史

我国作为历史悠久的文明古国，拥有众多历史文化名城，勤劳智慧的祖先早在周朝就产生了街路美学思想。据《周制》中记载："列树以表道，立鄙食以守路，"这说明当时已认识到可以通过路旁种树来美化街路环境。秦朝有"道广五十步，三丈而树"的传统，西汉长安、晋洛阳、南朝建康与北魏平城、洛阳和隋唐长安、洛阳等历代帝都道路两侧都种植树木，可见我国古代对街路绿化非常重视，已把其

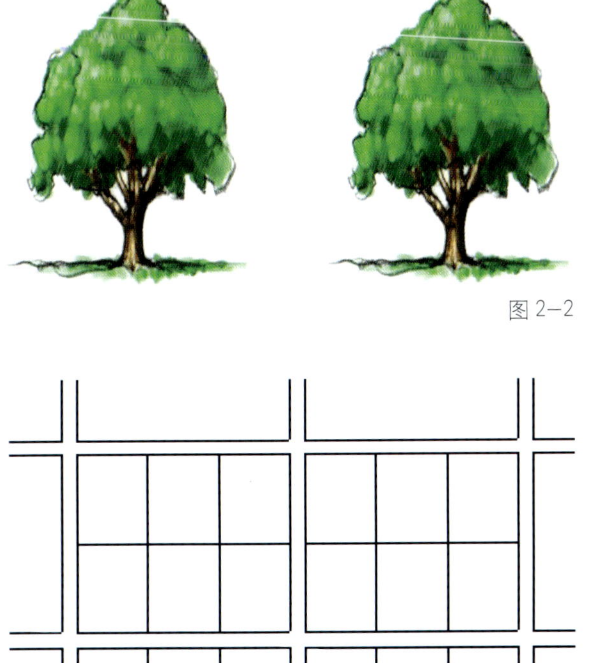

图 2—2

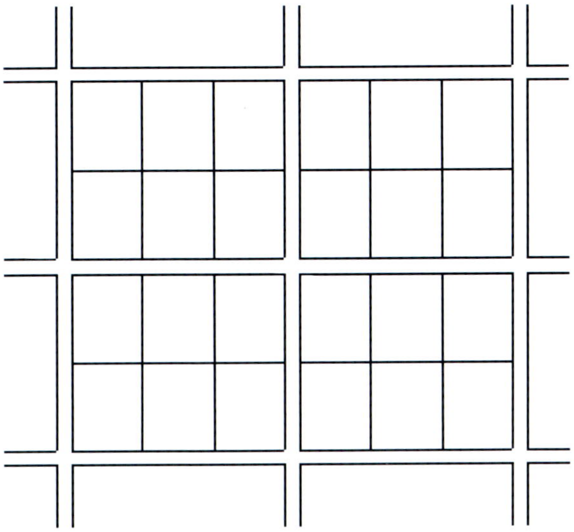

图 2—3

当成是街路建设的一部分(图2-2)。

关于道路网对城市外部空间景观构成的作用也早为先人所知，我国在西周初以前就已经开始使用均衡对称的方格网道路系统。周王城、齐临淄、汉长安城、唐长安城、北宋东京、清北京城等历代都城都是采用整齐的方格网道路系统(图2-3)。其中唐代首都长安城的规划是最具代表性的，其规模之宏大、规划之严整，乃是历史之杰作。城市的道路系统分明，全城有南北向街道11条，东西向街道14条，南北与东西向街道构成典型的方格式路网。道路的宽度大大超过了交通的需要，特别强调道路的轴线作用，创造庄严肃穆的气氛，以显示封建帝王崇高的地位和至高无上的权力，充分反映了封建统治阶级对城市街路环境的高度重视。

在我国众多历史文化名城中，出现了许多著名的街路景观。例如，位于苏州古城中心的观前街一千多年以来都是苏州最繁华的街道，西晋咸宁二年(公元276年)苏州修建了江南第一道观玄妙观，其所在街道因而得名观前街。南宋淳熙六年(公元1179年)，玄妙观三清殿开始兴建，这是苏州目前保存下来最完整的宋代建筑。观前街沉积了厚重的历史文化，两侧各式建筑相互依存、兼容并蓄，街上店铺林立，经营丝绸、湖笔、檀香扇、苏绣名产以及苏式小吃等，特色独具，成为苏州一道亮丽的人文景观。南京十里秦淮自六朝起就是江南繁华的标志性景观，十里秦淮的核心夫子庙始建于北宋景祐元年(公元1034年)，明清两代都是府学、贡院、文庙所在，是规模宏大的古代文教建筑群。夫子庙地区由庙、市、园、亭、殿、长廊、牌坊、翘檐、马头墙等要素构成独特的中国江南街道景观，吸引大族聚居，商贾云集。秦淮河两岸河亭河房相对，河中游船画舫穿梭，使秦淮风光闻名遐迩。盛京古文化街位于沈阳方城南部，在明末时期就已初具规模，街道两侧建筑以沈阳故宫为中心，襟带左右，60余栋具有满汉特点的古建筑，琉璃瓦舍，檐牙高啄，雕梁画栋，与沈阳故宫映衬和谐，成为别具传统风貌特色的“清代古文化一条街”。拉萨著名的八角街，也是一条古老而奇特的街道，八角街环绕着拉萨的中心大昭寺，长1500m，宽10m，呈圆形，街面宽敞平坦，两侧的藏房高低错落，非常古朴，街心间隔置有几座喇嘛教的巨型香炉，昼夜烟火弥漫，展现了浓郁的民族特色。可以肯定地讲，我们的祖先在城市街路环境景观发展史上表现是非常突出的，对街路环境的创造有着巨大的贡献，为后人留下了一笔取之不尽的宝贵财富。

进入近代，中国饱受帝国主义的侵略，城市道路处在一片混乱和落后的状态，更无从谈起街路景观了。解放后，由于经济能力的限制，城市道路建设发展缓慢。“文革”时期受“小马路、见缝插针”等一系列违反经济规律的指导原则影响，城市道路的发展建设又受到巨大冲击。改革开放以后，人们对道路在经济发展中的地位与作用有了新的认识，城市道路建设进入了良性发展时期。20世纪90年代，我国城市道路建设取得了显著成绩，不仅道路长度、面积增加很快，而且道路的建设标准、规模都有了新的发展。

随着城市经济的飞速发展，人口大量向城市集中，城市交通需求迅速增加，交通工具数量激增，道路交通对城市环境的破坏与冲击日益严重。而随着社会的进步，物质生活的丰富，人们生活水平的提高，人们对精神生活、对城市环境的要求日益增强。市民希望拥有优美的街路环境，以满足其交往、休闲、娱乐、健身等深层次要求的呼声日益高涨。因此，作为城市景观的重要组成部分，城市街路环境景观问题开始引起越来越多人的重视。

第三节 我国城市街路环境景观现状

20世纪80年代末，道路美学作为一门边缘学科在我国道路与交通学术界还是一件新事物，经过专家、学者十几年的研究、探讨，已逐步构成了城市道路美学的理论框架，出现了一些研究现代城市道路美学、道路规划、道路景观、道路环境等方面的著作。在这些理论的指导下，我国城市的街路面貌取得了巨大改观，但与先进国家相比还有很大差距，还需不断改进和完善。目前我国街路环境景观存在的问题主要有以下几个方面：

1．设施不完善

长期以来，我国城市建设一直遵循着以经济、适用为主的原则，而将美观看作是一种奢侈和浪费，导致城市街路建设仅考虑其交通功能，即满足车辆通行即可。随着人们观念的逐步改变，美学原则被引入到城市的街路建设中，但由于对街路美学的研究在我国起步较晚，加之一些经济条件限制，目前我国许多城市的街路设施还不完善。主要表现在缺少交通标志或交通标志混乱，街路照明、绿化不足，人行道铺装简陋，缺乏为残疾人、老人提供方便的无障碍设计，人行道与车行道之间缺乏应有的安全隔离设施，交通繁忙路段缺乏行人过街设施，如人行横道线、行人过街天桥或过街地道，公厕、路标、交通导向图、电话亭、休息椅等为行人提供服务的设施严重缺乏，可增添趣味性、提高街路空间环境艺术感染力的雕塑、钟塔、喷水等设施更是凤毛麟角，远远不能满足人们追求美感和特色的深层次要求。

2．环境质量差

由于街路两侧建筑形式杂乱无章，大大小小的广告牌随意乱挂，有的已侵入车行空间，建筑围墙大多没有修饰，墙上被乱贴乱画，绿化系统不健全，缺损后修补不及时，照明灯具形式陈旧单一，交通标志缺乏统一的精心设计，隔离栏长期日晒雨淋加之人为破坏，生锈变形等问题，致使我国目前的街路环境质量普遍较差。

3．步行空间不足

街路环境的设计重车轻人，为了满足逐年增长的交通量，往往不断扩张车行空间，街路两侧人行道被车辆无情挤压，变得越来越窄，人们的安全感大大降低，只好选择快速通过，不愿驻足停留。同时，市民希望拥有公共活动场所的愿望也被忽略，城市广场较少，而且现有广场中为了美化环境，突出生态效应，往往进行大面积绿化，以致可供市民进行交往、休闲、娱乐、健身等活动的步行空间严重不足。

4．忽略民族传统

随着城市的发展，对现代交通的需求越来越重要，为了缓解交通拥挤状况，我国许多城市都加大力度进行城市基础设施建设，解决城市交通问题迫在眉睫，城市的民族传统已变得不重要。因此，在不断修建新路、改造旧路的过程中，城市的民族传统往往被忽略，凡是阻碍街路建设的建筑均被一律拆除，使得城市的历史文化特色遭到无情破坏。要知道，许多城市街路都是历史上形成的，街路两侧的古建筑赋予街路空间传统的地方特色，使其成为城市的历史文化遗产，在城市长期发展过程中形成的民族的文化特点、民族的气质、民族的心理特征、民族的观念以及民族的作风和气魄等都深刻地蕴含其中，吸引人们注目、回味、联想，产生共鸣。而破坏了街路两侧的古建筑，这一切也就荡然无存了。因此，无论是新建还是改造道路，都要以尊重、继承和保护城市历史为原则，在继承的基础上进行创新，精心规划设计，让其既满足交通需求，又反映民族传统以及现代风貌，使新旧体系融为一体。

5．缺乏个性

街路美学的研究在我国起步较晚，因此在城市街路环境建设中，由于没有成熟的理论作指导，借鉴他人成果成了捷径，“模仿抄袭风”一度盛行。“文化一条街”、“食品一条街”，“仿古建筑一条街”各地安家，近几年仿欧式建筑风又席卷了各大城市，“千街一面”的现象普遍存在。就连街路设施，如地面铺装、照明灯具、隔离栏、垃圾桶等在形式、色彩、材料等方面也过于雷同，缺乏可识别性，导致街路环境更加缺乏个性。

第四节　城市街路环境景观构成

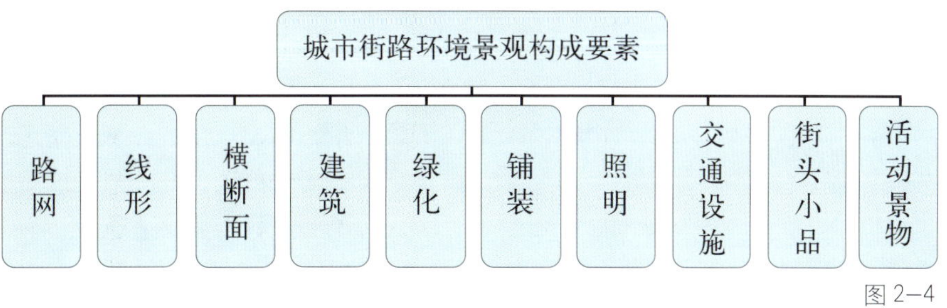

图 2–4

城市街路环境景观主要是由街路的路网、线形、横断面、建筑、绿化、铺装、照明、交通设施、街头小品以及街路上的活动景物构成(图2-4)。

1．路网

城市道路网不仅将城市的土地划分为若干个街区、商业区、工业区、住宅区等，而且作为艺术纽带，又将不同功能区的景观元素有机地联系在一起，把整个城市的景观综合反映出来，从而构成城市的整体美。在道路网上，我们可以看到城市的轮廓、城市的自然环境和城市的全貌，城市道路网是展现城市景观的窗口。因此，合理规划设计城市道路网是创造优美街路环境的基础。

2．线形

道路线形是道路中的重要组成部分，不同的线形给人以不同的感受。一般来说，直线形道路给人整齐、简洁的感受，但在视线上比较单调、呆板(图2-5)；曲线形道路具有动感，有利于看清街路两侧景观，给人留下较深的印象(图2-6)。要形成优美的街路环境景观，良好的线形设计至关重要。当线路走向与自然环境、沿街建筑、绿化带、照明设施等有机配合时，通过路线的曲折起伏，可以使两侧的自然景观、建筑物、绿化、照明设施等进退、高低错落有致，自然美与人工美相互衬托，从而获得较好的艺术效果，形成视角多变、丰富多彩的动态街路景观系统。

3．横断面

城市道路横断面由于路幅大，内容丰富，因此对街路环境景观的影响也尤为显著。道路横断面与建筑高度的关系对街景环境气氛有重要影响作用，断面上由于交通组织的需要所采用的不同分隔方式对街路景观空间完整性也会产生不同的影响效果，而横断面上的各要素沿街路中心线平行延伸，可以加强街路线形特征，这种特征也是形成良好的街路环境景观必不可少的，它可使用路者对街路环景产生强烈的印象(图2-7，街路的横断面形式)。

4．建筑

街路两侧的建筑是城市街路空间最重要的围合元素，建筑的性质、形式、体量、轮廓线，以及外表材料和色彩，直接影响街路空间的形象和气质(图2-8)。例如，一些传统的具有地方特色的街路，它的美学价值很大程度取决于其富有地方特色和民族文化的建筑群，而林立在现代城市快速路、高架

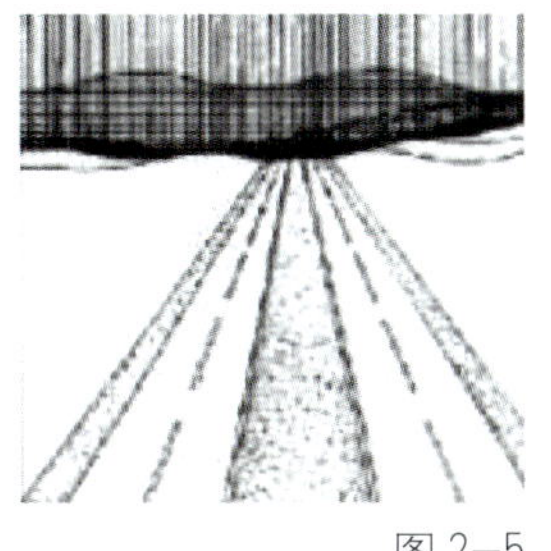

图 2–5

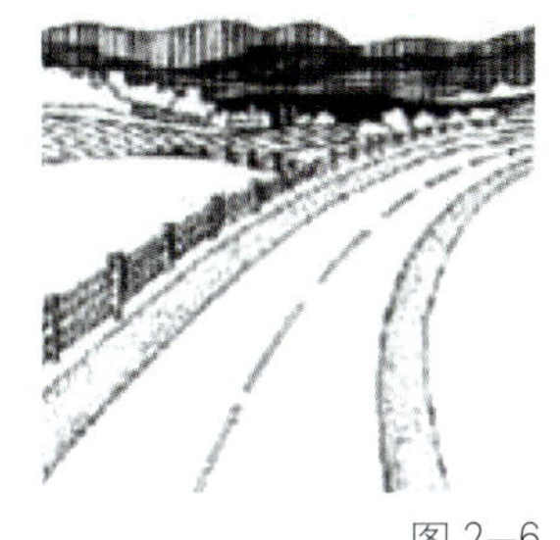

图 2–6

图 2–8

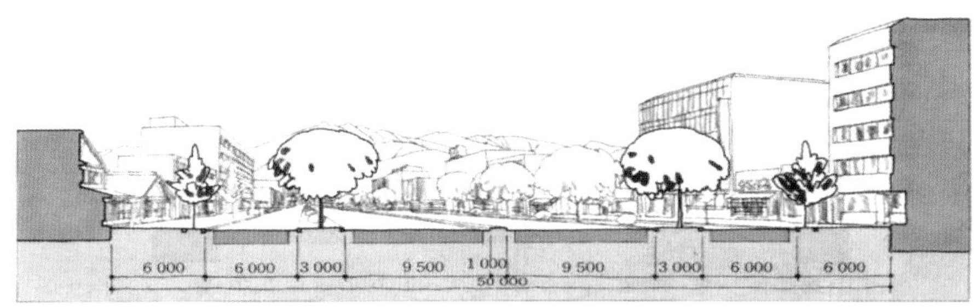

图 2—7a

图 2—7b

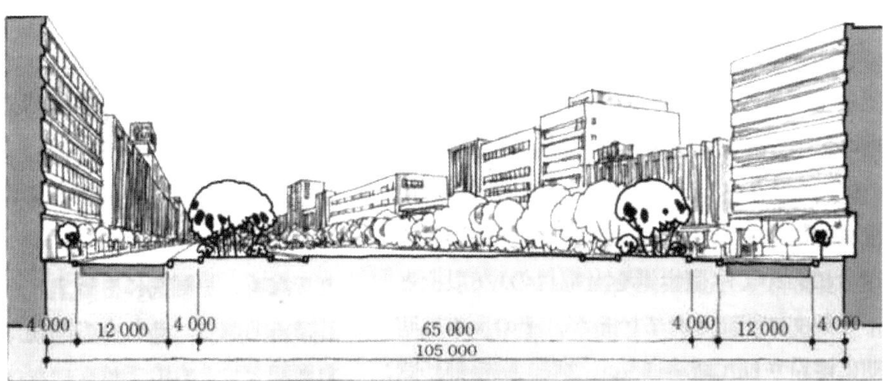

图 2—7c

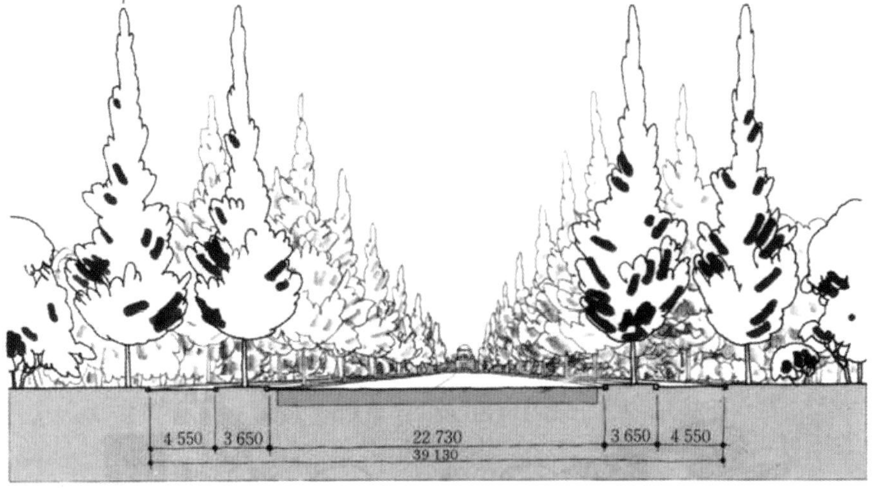

图 2—7d

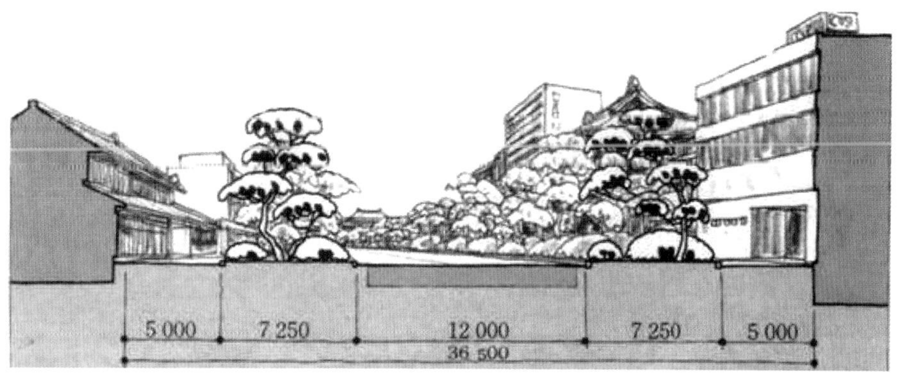

图 2—7e

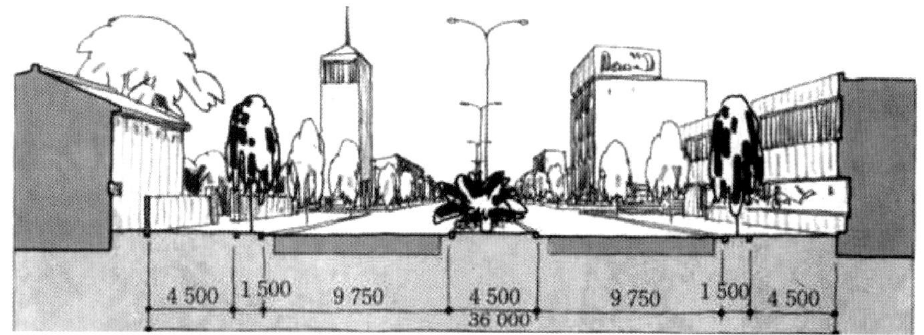

图 2—7f

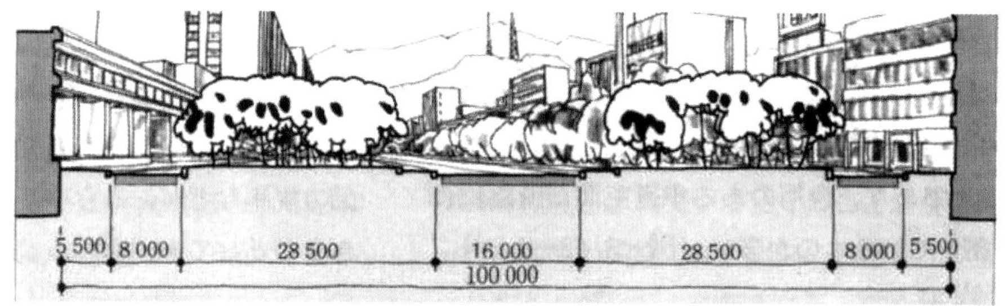

图 2—7g

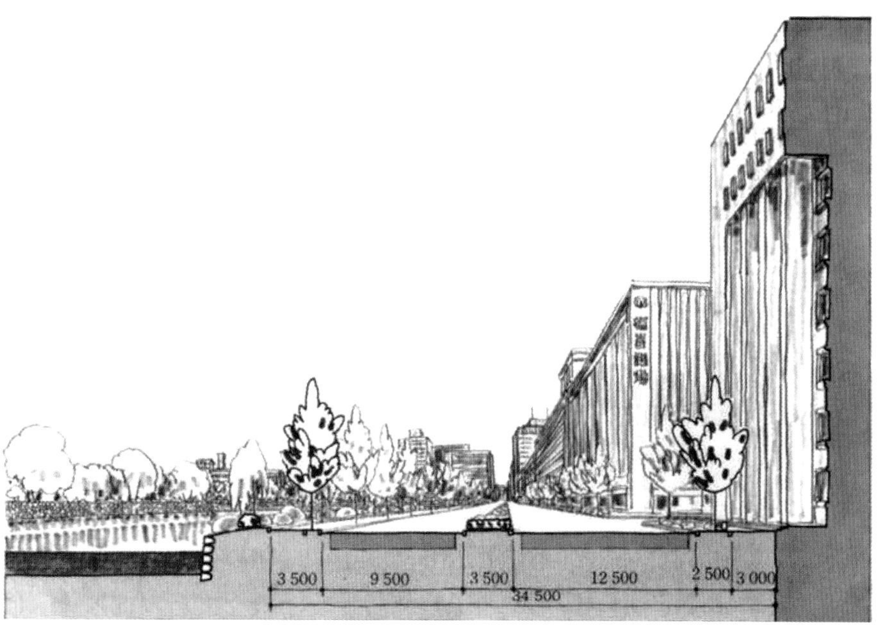

图 2—7h

图 2—9

路两侧的高层建筑则反映了城市新的生活方式，突出了现代城市街路空间环境的时代特性。

5．绿化

绿化作为街路环境中的重要视觉因素，给人以柔和安静的感觉。树木、灌木、草地、花卉以不同的形状、色彩和姿态点缀着城市街路空间，大大丰富街景层次，增添自然生机，形成绚丽多彩的街路景观。运用具有浓郁地方特色的树种进行绿化，还可以突出不同地区街路空间的独特风光(图2-9)。此外，街路绿化还可以起到净化空气、降低噪声、调节气候的作用，在道路交通方面，还具有限定空间、组织交通，诱导视线等功能。

6．铺装

城市街路路面、人行道、广场地面铺装的色彩、质感、构形等都是街路景观中引人注目的特征，这早已成为人们的共识，但真正将其提高到一个重要的位置上，作为铺装景观进行系统的研究在我国尚处于起步阶段。铺装景观作为改善街路环境的有效手段将得到越来越广泛的应用，为此本书将对铺装景观技术进行系统的研究，为铺装景观的规划、设计、施工等提供一定的理论指导，希望能够促进我国铺装景观事业的快速发展。

7．照明

照明对于现代道路交通是必不可少的，良好的照明不但可以为夜间行驶车辆、行人提供或补充道路信息，增强安全性与舒适性，而且又是街路景观的重要组成部分。白天，别具一格的灯具造型可以增添街路空间的艺术氛围和个性魅力；夜晚，丰富的光源颜色又营造了灯火辉煌、五光十色的现代都市街路夜景，大大美化了城市夜间景观(图2-10、

图 2—10

图 2—11

图2-11)。因此，目前我国一些城市已将光亮工程列为城市景观工程中的重要内容。

8．交通设施

城市街路环境中的交通设施主要有交通标志、交通信号、交通岗亭、交通指挥台、道路标线，以及行人安全设施、车辆安全设施等。这些设施对于组织交通，确保车辆、行人安全以及提高道路通行能力都有十分重要的意义。由于这些设施多在道路横断面范围以内，对街路视觉环境有着直接影响，因此将美学观念引入其设计中，对丰富和美化街路环境景观有很大的作用。(图2-12)

9．街头小品

街头小品体量小巧，造型别致，对街路景观可以起到点缀、陪衬、换景、修景、补强、填白等作用，使街路空间环境更富有生活气息，更舒适、优美，有意境、特性，增添街路空间的亲切性、趣味性、可读性与可识别性，加强街路空间给人的视觉印象，使其成为更加吸引人的生活空间(图2-13、图2-14)。

10．活动景物

街路上川流不息的车流反映了时代的脉搏与气息，体现了城市的活力与效率，而以各种目的，如上班、上学、购物、交往、休闲、娱乐、健身、观赏等出行的人们，则给街路空间带来了勃勃生机，使街路充满生活情趣。因此车和人作为一种动态要素，也是构成城市街路环境景观的重要组成部分。

图 2—12

图 2—13

图 2—14

第三章 铺装景观

第一节 铺装景观在街路环境景观中的地位与作用

城市街路空间是城市居民最重要的活动空间，而从人的视觉特点和频率来考虑，当人们在街路上行走时，为了看清行走路线，视轴线往往向下偏了10°左右，实际上只看见建筑物的底层、路面以及街路空间本身正在发生的事情。因此，城市底界面在街路空间中占有重要地位，是人们心理、生理和视觉上接触频率最高的界面，其环境质量的高低对城市街路环境景观的影响举足轻重。

然而，这一点往往被忽略，长久以来，人们一直致力于建筑美学的研究，建筑艺术是人类最古老的艺术之一，并被称之为时间和空间的艺术。空间环境设计是一种群体建筑及其相互关系构成的环境艺术，它所使用的艺术语言必然将主要由建筑艺术滋生发展。于是，作为空间环境立面的建筑和建筑群体的设计永远被赋予无穷无尽的艺术魅力，建筑立面在人类数千年的文明进程中形成了迥然有异的风格、样式与特色。与色彩绚丽、线条生动、表现力丰富的建筑立面相比，平面在城市空间环境中的规划与设计完全偏重于实用功能。道路被用于疏导交通，广场被用作人流集散和活动的场所，江河湖海的岸边用于限定城市的边界，风景园林的小径供给游人通行。尽管也使用诸如空间的开敞与围合、高差的上升与下沉、平面与立面的连接与交合、内部与外部的限定与渗透等环境艺术手段来处理平面的规划与设计，但这些手段注重的是立面在平面上的位置关系和彼此之间的协调功能。就平面本身的美学要素而言，在设计中更多考虑的是承重、排水、防尘等实用功能。平面的表面设计远远未能像建筑表面设计那样将装饰功能和实用功能结合起来处理，甚至装饰功能在建筑表面设计中占有的比重已经远远超过了它的实用功能。在这种观念下，街路路面的发展也仅仅是为了更好地满足车辆和行人的通行，毫无美学色彩可言。黑色的沥青铺装和灰白色的水泥混凝土铺装占据着几乎所有的城市街路，这黑与白的条块使得作为城市空间重要组成部分的平面单调乏味，毫无生气。至于砂石路面和泥泞小径不仅不能唤起人们一丝美的感受，甚至无法满足人们对其实用功能的要求。

随着可持续发展和人本主义理论在城市建设中的应用，景观艺术已经成为城市建设与发展的重要因素，传统的城市街路设计与铺装技术已经不能满足现代城市建设的要求。许多专家对目前状况提出了尖锐的批评，指责目前城市的“地面”普遍缺乏“人性”和“个性”。人们对路面建设产生了深刻的反思：路面要不要是美的？显然，让人们永远活动在色彩千篇一律、表面质感别无二致的黑色沥青路面和灰白色水泥混凝土路面上，单调乏味甚至沉闷压抑的心理感受和视觉感受绝不能给人们提供一个良好的景观环境，人们也绝无可能获得一个高质量的街路生活空间。于是，人们开始运用种类繁多的铺装材料和各种各样的施工工艺让路面美起来，铺装丰富的色彩、各具特色的质感、形式多样的构形，所表现出的韵律、动感，以及一些带有象征意义的细部设计等赋予路面生命力与个性，它们本身构成了一种景观，我们称之为铺装景观。

铺装景观不但满足路面最基本的使用功能，而且还可以通过特殊的色彩、质感和构形加强路面的可辨识性，划分不同性质的交通区间，对交通进行诱导和各种揭示，有效地限制车速，加强人车之间的拦阻，给人以方向感和方位感等，从而进一步提高城市道路交通的安全性能。

铺装景观在街路环境景观中占有极其重要的地位和作用，它是改善街路空间环境最直接、最有效的手段。铺装景观强烈的视觉效果让人们产生独特的激情感受，给人们留下深刻的印象，满足人们对美感的深层次心理需求，它可以营造温馨宜人的气氛，使街路空间更具人情味与情趣，吸引人们驻足，进行各种公共活动，使街路空间成为人们喜爱的城市高质量生活空间。

在现代化城市中，当地面交通足够发达时，街路面积将可能超过城市规划面积的30%。铺装景观不仅对于街区的景观环境至关重要，而且在城市外部空间景观环境中将会占据越来越重要的地位。当然，强调铺装景观在城市外部空间景观构成中的重要地位，我们也未期望将铺装的景观功效优先于它的实用功效来加以考虑。只有将景观功能与实用功能统一处理，使得铺装既是经济实用的，同时又符合人们的审美心理、审美情趣和美学的基本原则，铺装景观技术才有可能存在并发展。

第二节 铺装景观的历史

一、外国铺装景观的历史

在欧洲，铺装的历史源远流长，所用材料都是容易获得的自然物，其中尤以石材最好。最早的石材铺装可以追溯到公元前5世纪罗马时代以前，之后的数千年里，石材一直是欧洲城市中主要的铺装材料，石材铺装也一直被欧洲城市居民所喜爱。虽然石材铺装的最初目的是以实用为主，但是当铺装的表面经历千百年南来北往的脚踵磨砺后，当初平整的地面出现了微妙别致的起伏，宛若一件历经沧桑的艺术作品记载着古老城市的故事，此时成百上千的石块已经汇聚成一种独具韵味、风格的"景"，难怪欧洲人总是对铺石情有独钟了。

当然，欧洲古代的设计大师们其实早已将美学思想融入一些铺装设计中。欧洲历史上一些著名的广场都拥有别具一格的铺装景观，这里介绍几个实用功效与景观功效完美结合的广场铺装实例。

1．圣马可广场

意大利威尼斯的圣马可广场，原为兴建于9世纪的圣马可教堂的前庭，11世纪初作为市场而发挥作用，后又经历了几个世纪的建造，是历史上最著名的广场之一，不但拥有世界上最卓越的建筑群组合，而且地面铺装也独具匠心，采用不同颜色板材铺砌成美观大方的图案，给人以方向感和方位感，线条的划分，有效缩小了空间的尺度，使广场空间更加充实、宜人，这个广场曾被拿破仑誉为"欧洲最美丽的客厅"(图3-1)。

图 3–1

图 3—2

2．坎波广场

锡耶纳市的坎波广场也是意大利中世纪广场的杰作之一，这个广场铺地是在13世纪完成的，广场是个约100m × 140m的大空间，9个三角形的铺装面形成倾斜的扇面广场，平时游客和市民在此谈天说地，看成群的鸽子在广场上嬉戏，整个空间流动着浪漫的生活气息。

3．罗马市政广场

罗马市政广场又称卡比多广场，是米开朗琪罗的杰作之一，广场地面采用深色小块石铺地，通过白色板材条纹分割构成整幅图案，辉煌壮观，增添了空间的整体感，精美的古罗马皇帝玛科斯·奥雷利欧的骑马铜像被放置在图案的正中央，在整幅图案的强化和衬托下，更加强烈地吸引住人们的视线，突出了广场空间的主题(图3-2)。

二、中国铺装景观的历史

在我国古代的城市建设和建筑技术中，铺装材料主要是方砖、条石、碎石和砂砾等。使用这类材料铺筑的路面主要供行人、马车和牲畜使用，其实用功能虽然能够满足当时的交通需求，但无论如何也不能与现代铺装材料相提并论。尽管如此，古代工匠还是利用这样一些极其原始的铺装材料，充分运用各种环境艺术手段，创造出了至今仍然令人惊叹不已的铺装杰作。特别是在宫廷建筑、陵墓、宗教圣地和风景园林中，极具民族特色的铺装景观实例更是俯拾可取。

例如，太和殿是故宫外朝部分的第一大殿。不仅作为宫殿建筑被人称为天下第一大殿，大殿周围的铺装和道路也堪称一绝。殿前纹理与构形均匀一致的青砖铺地，连同周围的白色石质围栏，不仅明确地限定了皇宫中这一专门用于国家重大典礼、重大节日活动的场所范围，而且作为一块巨大的“底板”，衬托着三层白色的石台基和黄瓦红墙、富丽堂皇的巨型宫殿。整个空间庄严肃穆，气势恢宏。太和殿下高达7m的三层白石台基中央是皇帝和文武百官登上殿堂的踏步通路，其正中部分是由两块巨石精制的浮雕，布满了精雕细刻的龙纹和云形，威严气派。皇帝进出太和殿都乘轿经过这条巨石坡道，称之为“御道”，仅供皇帝使用，体现了封建帝王至高无上的权力与地位。“御道”不仅坚固耐用，浮雕装饰也将万世留存，向后人展现古代劳动人民巧夺天工的一代匠心(图3-3)。

图 3—3

天坛圜丘是皇帝举行祭天仪式的地方，位于天坛建筑群最南端，同样采用青砖铺地。天坛圜丘前的广场采用条砖不同方向的排列，按照三座仪门的功能，将这一平面划分成为不同的空间，以竖排条纹为边界，横排条纹与两侧条纹相互区别，明确限定了皇帝参加祭祀活动时的专用通道(图3-4)。

多数皇陵前的“墓道”采用素土或砂土压实而成。为了弥补铺装材料的单调表面，作为道路的附属物，“墓道”两侧相对而立的神兽石雕不仅限定了道路的平面界限，而且表现了宏大陵墓肃穆神秘的环境气氛。

至于古代南方园林道路，其铺装则倾向于精致细巧。以苏州园林为例，其铺地十分考究，传统的工艺是以条砖构成纹样的边界，中间填充以砖、碎石或卵石。纹样丰富多变，步行其上，别有情趣，令人流连忘返(图3-5)。

图 3–4

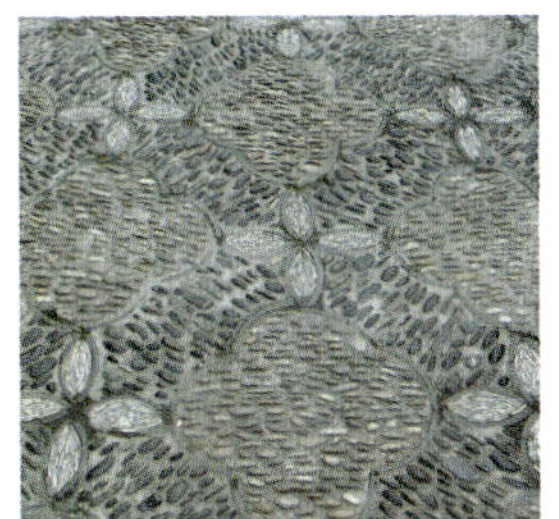

图 3–5

图 3–6

而在我国众多的历史文化名城中，丽江古城的铺装景观则是最著名的。古城的街巷全部采用红色角砾岩(俗称五花石)铺装而成，具有雨季不泥泞、旱季不飞灰的特点，石上花纹图案自然雅致，质感细腻，与古城环境十分协调(图3-6)。而民居庭院的地面铺装就更具特色了，铺装采用鹅卵石、红色角砾岩等为原料，图案根据庭院大小或房主喜好而定，内容涉及花鸟鱼虫、八卦阴阳、民间传说、神话故事等等，手法古朴，布局严谨，体现了鲜明的地方文化与民族风格。

此外，我国古代的一些铺地还运用了隐喻的手法。例如，在古城潮州的四合院中，民居室内的地面均采用当地传统的红方砖进行铺装，如果厅里地面铺成斜的“人”字形，就隐喻有人气和人丁兴旺；卧室地面铺成“丁”字形，就隐喻生男孩；过道地面铺成“田”字形，就隐喻家有田地等。这些都是我们今天研究铺装景观可以借鉴的宝贵财富。

第三节　铺装景观的发展状况

一、国外铺装景观的发展状况

国外发达国家近百年来城市交通发展历程一般可以分为三个阶段。第一阶段，作为发展初期，为了防止雨季道路泥泞，保证车辆正常行驶，需要提供具有足够强度、平整度好的晴雨通车路面。当时的技术需求主要表现为尽快提高道路铺装技术水平方面。第二阶段的特点是随着汽车交通的飞速增长，道路拥挤，事故增加。为了解决这一难题，各国在道路网规划设计，线形的平、纵、横几何设计以及提高道路通行能力方面进行了不懈的努力，并较好地解决了这一难题。在被称为第二次交通大战的今天，由于机动车辆已经超饱和，给社会、环境带来了灾难性的影响。提高道路在城市景观中的美学功能，保护环境，成为世界道路发展第三阶段的主要特点。因此，国外发达国家在完成城市交通基本建设后，都比较重视城市铺装景观的发展，经过多年的努力，国外在铺装景观的理论研究和实践方面均取得了十分显著的成绩。

在理论研究方面，已经以铺装景观技术为核心，全面开展了城市街路景观设计理论研究，研究中充分重视了铺装景观的民族性、民俗性和历史文脉，充分体现了以人为本的设计思想，与此同时，开发了大量铺装景观材料，制定了各类铺装景观结构设计方法，并形成了由政府、社区、民间社团共同推动铺装景观事业发展的良好局面。

在实践方面，铺装景观以其自身独特的魅力和对空间环境产生的良好艺术效果，被大量应用于城市街路空间设计中，出现了一大批优秀的铺装景观设计作品。例如，查理斯·摩尔设计的美国新奥尔良意大利广场，广场为圆形，从四周道路开始用浅色的花岗岩块石铺砌，在石块之间用深色的花岗岩板材铺出同心圆的图案，广场水池中一角约24.4m长的一段分成若干台阶，以卵石、花岗石和大理石板材砌成带有等高线的意大利地图，在半岛的最高层有瀑布流出，象征意大利三大河流，在海的当中，接近广场的中心砌成西西里岛，暗喻着意大利移民的来源，这个广场是多年来美国所有城市中最有意义、最有个性、充满亲切感的广场。美国得克萨斯州威廉斯广场是一个构思新颖，别具特色的现代城市广场，广场的场地设计运用了抽象原则，用开阔的场地象征得克萨斯州无边无际的大草原，花岗岩块石的铺地色彩做了变化，用来象征草原被水冲刷后所裸露出的地面，铺地色彩有细微的变化，避免大面积铺地的单调感，该广场设计获得1985年度美国景观建筑师协会荣誉奖。日本横滨市开港广场的中央有象征文明开化的喷水“开港泉”，以喷水为中心，由深色花岗石和白色大理石块石相间形成的铺地如波浪似地向外扩展，好像喷出的泉水不断涌向四周，充满动感和趣味性，成为孩子们非常喜爱的游戏场地(图3-7)。

在国外，铺装景观不但在改善城市空间环境中发挥着重要作用，而且在促进城市道路交通安全方面的应用也较为广泛。例如，在日本和新加坡，常利用彩色人行道提示步行空间的范围，加强人行道

图 3-7

图 3–8

图 3–9

与车行道边界的界定，给行走其上的人们提供心理上的安全感和舒适感。一些彩色人行道每隔一定距离，还铺有一块特殊图案的彩色路标，揭示道路的方向感，给人以视线诱导，让步行变得更加轻松愉快，又赏心悦目，以人为本的设计思想在此得以充分地体现。

二、我国铺装景观的发展状况

在我国，由于建国以后的经济水平较低，因此城市建设长期以来一直遵循着“适用、经济、在可能条件下注意美观”的原则。目前，我国城市道路建设平均水平尚处于交通发展历程的第二阶段，解决道路网规划设计、提高城市道路通行能力、减少交通事故仍是城市建设的主要课题。但是，我国是发展不甚平衡的国家，一些大型城市、经济特区、沿海地区经济发展速度较快，急需良好的投资环境来促进、加强国际合作；经济开发区的设立导致即便是同一个城市，对于道路建设水平和环境艺术的要求也极不平衡。因此，在这些经济发达地区，城市景观环境建设开始取得显著进展。目前，在许多特大城市和大城市的重要地段或特殊地段，铺装景观化的要求日益提高。在完成的一批广场、步行街的建设或形象改造工程中，对于铺装的环境艺术效果都给予了较高重视，形成了一定数量的铺装景观。

例如，重庆解放碑中心购物广场地面铺装工程分为四个部分，中心广场为8m×8m方形与1.26m×1.26m方形磨面芝麻白花岗岩板材，对角相间铺砌，以墨绿抛光花岗岩板材带分隔图案，碑体周围圆环为红色磨面花岗岩板材向心铺砌，以红色抛光花岗岩板材带分隔图案，四周街道及中心区过渡段铺砌以磨面芝麻白花岗岩板材为主，抛光芝麻黑花岗岩板材带分隔图案，街道图案为4.2m×4.2m方格重复排列，过渡段图案为相间的八角形，整个广场铺装简洁又富有变化，朴实而不失典雅，强化了广场“简洁”、“明快”、“大方”的空间效果(图3-8)。广东湛江时代广场上部铺地采用100mm×100mm的广场砖分色拼贴成世界地图，图内用金属钢字标注由湛江港口通往世界著名十大港口的里程，但不标地名，引人猜想，构思新颖独特，提高了广场空间的意趣和文化艺术感染力(图3-9)。大连星海广场中央音乐舞台红色圆形地面和外围黄色五角星形地面铺装相映成趣，明喻星海之星，衬托了主题(图3-10)。深圳东门步行街采用周围带有各种字体的铜铸“门”字、“街”字地砖进行地面的细部铺装设计，有效增添了街区的个性、趣味性，赋予空间文化内涵(图3-11)。

然而，在取得成绩的同时，我们也看到了与发达国家之间的巨大差距。以日本为例，早在1982年，国家道路审议会就针对一直以来极端的功能本位作法，提出街路应该是亲切而充满情趣的空间，富于人性的空间，主张在以后的道路规划建设中对景观美和空间的充裕给予更多的关注，特别是对那些能够代表一个城市风貌的主要街道和历史古街的规划建设，更应强调富于个性、亲切、愉悦的环境特征，并使之成为城市的象征。这一提案将建设街路空间的理念从以汽车为本位重新回归到以人为本位上，人们期待着充满个性、亲切而令人愉快的街路空间，于是作为街路环境景观构成要素之基础的铺装景观自然成为进行研究的重要领域。如今，日本城市中的铺装景观带随处可见，铺装景观的环境

图 3–10

图 3–11

艺术功能与交通功能被发挥得淋漓尽致，而我国的铺装景观目前还仅仅局限在数量有限的城市形象工程中。由于对城市铺装景观技术的研究刚刚起步，国内大多数城市规划或市政建设技术人员对铺装景观技术尚不熟悉，也几乎没有任何工程实践经验可供借鉴，加之目前国内材料加工生产能力低，建设经费不足，铺装技术落后等，使目前已经完成的铺装景观工程总体水平还相当低，有些工程十分粗糙，并给人以画蛇添足、劳而无功甚至完全失败的感觉。

为了美化街路景观，改善自行车与机动车混行局面，给驾驶人员较好的视线诱导，北京、上海、广州、成都、厦门、中山等地相继诞生了由彩色沥青铺装的专用道。尽管由于材料和施工工艺的限制，获得效果参差不齐，但这起码说明了，我国的城市建设者已经认识到铺装景观的交通功能，并开始实践应用。这对于我国城市铺装景观事业的发展来说，应该是个十分可喜的现象。为了提高我国城市铺装景观技术水平，使其快速发展起来，在城市景观建设和城市交通安全领域发挥越来越多的作用，目前尚需积极努力开展研究，以下几方面的工作是刻不容缓的，它们是：

(1) 加强政府部门对铺装景观的重视程度及资金投入；

(2) 协调和完善城市建设管理部门的职能分工，明确铺装景观问题的归属领域；

(3) 加强铺装景观设计理论及设计手段的研究；

(4) 加强铺装景观与城市交通安全的研究；

(5) 加强铺装景观材料的开发与研制；

(6) 加强铺装景观的结构设计理论及施工工艺的研究。

根据我国铺装景观技术现状和实际工程需要，本书将主要介绍铺装景观的功能、设计原则、设计要素、材料、结构、施工工艺及具体运用等，以弥补目前工程实际之不足，提高有关技术人员的理论水平和设计水平，并列举大量国内外铺装景观工程实例，为设计人员提供丰富的参考资料，提高其审美能力和审美情趣。能够促进我国铺装景观技术的发展，使我们的城市更加美丽，作者将欣慰之至。

第四章　交通与环境的心理因素

随着交通基础设施的逐步完善，“安全”和“环境”将成为未来道路建设的两大主题。汽车的发展推动人类社会的进步，同时交通事故频繁发生，也使道路充当起人类生命“杀手”的不光彩角色。分析交通事故的原因，90%以上都是由于人的疏忽和失误引起的；而环境是人们活动的背景，其作为一种非语言的符号，对人的心理有着潜移默化的影响，继而对人的行为产生导向作用。由此可见，安全与环境问题都与人的心理和行为特点有着直接的关系。我们进行铺装景观研究的目的，就是希望能够更好地促进道路交通安全，同时美化街路空间环境。因此，在进入本书正题“铺装景观”问题的研究之前，让我们先来关注一下交通心理和环境心理，以便了解在交通现象中和不同环境中人的行为特点，这一环节是必不可少而且非常重要的，它是铺装景观设计的理论基础及评价标准。

第一节　视 觉 特 性

交通心理是应用心理学的观点、方法和原则，研究人在道路交通中的行为规律，分析人产生失误的原因，寻找预防失误的方法，以求达到减少交通事故，保证交通安全的目的。就当前来说，交通心理学主要有两个研究方向：一是对驾驶人员操纵汽车时静的和动的特性加以研究；二是对作为交通运用中的步行者的特性加以研究。关于步行者的行为特点将在第二节进行介绍，本节主要就对驾驶人员行为影响最大的视觉特性进行介绍。

在人类的活动中，视觉的运用是最重要和最普遍的，视觉比其他感觉器官都要发达，人从环境中所接收到的信息大部分都要通过视觉和听觉，而视觉可以得到听觉的千倍以上的信息，可见在决定人类行为时视觉的作用是非常巨大的。驾驶人员在行车过程中，依靠视觉认读仪表，观看前方对象物的形状、大小、位置、颜色以及运动状态等，通过视觉获得的信息量占驾驶人员行车过程中所获总信息量的80%以上。因此，视觉是保证安全行车最重要的感觉器官，了解视觉特性及其变化规律，对了解交通心理的形成和变化有着非常重要的意义。

一、视力

视力是眼睛识别物体微小细部的能力。它用眼睛能分辨被看对象物最近两点的视角(临界视角)的倒数来度量。视力的大小常作为评价眼睛分辨细小物体(清晰度)的标准。根据车辆行驶中的特性与人的反应，视力可分为静视力、动视力和夜间视力三种。

所谓静视力就是人在静止状态时的视力，平常说的视力就是指这种视力。

驾驶人员在行驶中所具有的视力称为动视力。动视力随车辆行驶速度的变化而变化，在实际的驾驶中，动视力一般来说比静视力低20%左右，在某些情况下甚至比静视力低30%~40%。例如，据测定，以每小时60公里的速度行驶的车辆，驾驶人员可看清离车240米远处的交通标志，可是当速度提高到每小时80公里时，则在160米远处的交通标志都看不清楚。动视力除了随车速增大而降低外，还与人的年龄有关系，年龄越大，动视力降低得就越多。

驾驶人员在夜间行驶中的视力称为夜间视力。随着货运交通的发展，夜间行车量与日俱增，研究驾驶人员夜间视力的变化规律对加强夜间行车安全问题有着积极的作用。根据有关交通事故死亡发生率的统计，事故是依白天、黄昏、夜间的顺序渐次增大，很显然，视力与亮度有关，亮度加大可以增强视力，亮度下降视力就明显衰退。此外，夜间视力与其他时间的视力一样，随车速的增大而下降，并且与驾驶人员的年龄也有关系，年龄愈大，夜间视力愈差。在夜间汽车开前灯运行时，经测定驾驶人员视力有如下几种变化：

1. 在白天，大的物体在远处就可以辨认。但在夜间，由于汽车前灯所照的距离有限，而且照射距离愈远，照度愈低，因此，即使是大的物体，在远处也不易看见。

2. 汽车在会车时，要将较高的汽车行驶光束变成较低的会车光束。这时，因会车时光束的配光关系，虽然是相同大小的物体，但处于较低位置的就要比处于较高位置的容易发现，而且看得较清楚，即使物体在较远处也是这样。

3. 在夜间亮度对比度大的物体比对比度小的物体容易确认。曾有人对与背景亮度对比度分别为88%和35%的两个物体作视力试验，试验指出，当汽车在白天行驶时，对比度小的物体比对比度大的物体的视认距离要降低53%；当汽车在夜间行驶时，若开远光灯，则视认距离降低75%；若开近光灯，则视认距离降低80%。可见夜间行驶，物体与背景的亮度对比是十分重要的。

4. 在夜间，汽车开灯行驶，当物体亮度对比度大时，驾驶人员从认知有物到确认是何物的距离相差较大，有较充分的时间应付各种事变，有利于安全行车；当亮度对比度小时，认知距离与确认距离很接近，驾驶员没有回旋的时间，这是极不安全的。

5. 在夜间行车时，物体的可见度因物体颜色的不同而不同。红色、白色及黄色容易辨认，绿色次之，蓝色最不容易辨认。

6. 在夜间行车时，假设没有路灯，仅凭汽车前灯行驶，在这种条件下驾驶人员能够看清道路上行人的距离因行人的衣着颜色不同而有很大差异，如用近光灯，一般来说，与穿白衣服者的距离为42米，与穿黑衣服者的距离为20米。想要确认此人的行为是否向车道走来，则与穿白衣服者的距离为20米，与穿黑衣服者的距离为10米左右。

二、颜色视觉

视觉的形成有赖于光线给眼睛的刺激，颜色视觉也不例外。平常我们所感觉到的一切光线，都有能量大小和光波长短的不同。光的能量大小表现为人对光的明暗感觉，光波的长短表现为人对光的颜色感觉。所以，我们感觉到的颜色，就是光波作用于人眼所引起的一种视觉反映。

颜色在由视觉传到大脑的过程中，产生色彩物理、色彩生理和色彩心理的效应，使人获得色感觉。由于颜色的特性不同，不同颜色也会给人以不同的心理感受。关于色彩的心理效应问题，本书将在后面进行详细介绍。

现在让我们来了解一下色的视认性。不同颜色的光，其视认性也不同，能从最远处辨认之顺序为：红、绿、黄、白。在各种不同的天气条件下，当观察距离为4、5千米时，对红、橙、白、绿四种色光的视认性作测试可知，无论是夜间或白天或在其他天气条件下，认知红色光所需的明亮度约是绿色光的一半。无论是在何种天气环境条件下，红色光的视认性都最好。这就是在交通信号中将红色光作为危险、禁行信号的科学根据。而对物体表面色的视认性，与物体表面颜色的匹配有关。若以分母色表示底色，分子色表示被衬色或称图形色，则看起来清晰的配色，即易读性配色的顺序为：黄／黑、黑／黄、白／黑、黄／紫、白／紫、白／蓝、白／绿、绿／黑、蓝／黄。

众所周知，色彩在艺术上是不可缺少的，而其具有的生理性和心理性效果，也使之在交通安全领域发挥了重要作用。最引人注目的就是各种交通标志的颜色和信号灯的颜色。早在20世纪50年代初期，联合国国际标准化组织就主持制定了交通方面的“安全信息国际标准”，规定选用红、黄、蓝三原色，外加绿色作为“国际安全色”，并各赋予特定的含义：红色表示“禁止”，因为它光波最长，传播最远，对人的视觉和心理刺激也最强烈，所以红色用于危险性最大，法制性最高的禁令类交通标志；蓝色在光谱中与红色差别较大，也比较鲜明，所以蓝色用于法制性较强的指示类交通标志；黄色介与红、蓝之间，所以习惯上用于警告类交通标志，表示“危险”；而绿色对人的视觉刺激性较小，给人以舒适的感觉，用来表示“安全”。为了使交通标志色更加鲜明突出，还规定了最佳配色：红、蓝、绿都用白色衬托，黄色的用黑色衬托，使之对比鲜明，提高视觉的识别能力和速度(图4-1、图4-2)。现今，世界上一百多个国家都按这个标准色设计本国的交通标志。城市中交叉路口设置的红、绿信号灯，其意义已人人皆知，即亮红灯表示停止通行，亮绿灯表示可以通行和安全，这已成为世界各国统一的交通信号灯色彩。

图 4–1

图 4–2

三、明适应和暗适应

人眼的又一特征，就是它对光的亮度变化的适应性。眼睛从亮度大的部位转移到亮度小的部位时，或者从光亮地方进入黑暗地方，或者与上面相反，眼睛都不是一下子能看清物体的，而是要经过一段时间的适应后，才能看清物体。一般把由暗处到亮处的适应过程叫明适应，而从亮处到暗处的适应过程叫暗适应。明适应时间较短，一般只需要几秒钟到一分钟，人眼就能适应而看清物体，通常对视觉影响不大。暗适应时间较长，一般要经过4~6分钟才有所适应，要完全适应则需要30分钟左右。

当汽车运行在明暗急剧变化的道路上时，由于视觉不能立即适应，则很容易发生交通事故。因此，必须对交通活动中的照明提出较高的要求。在一些大城市，在市区与市郊的交界处，往往将路灯的距离慢慢拉长，直到郊区人烟稀少的地方，才不设置路灯，其目的也就是不至于使从市内开车到市郊的司机感到由亮突然变到暗，而是使其眼睛慢慢适应，以达到交通安全的目的。

四、交通视觉干扰

在行驶中，交通信息以外的视觉干扰因素，如路旁的商标、广告、建筑物和自然环境的奇景奇物，以及夜间街道的霓虹灯等，一般被称为交通视觉干扰。它们出现在驾驶人员的视野内，常常会分散驾驶人员的视线和注意力，妨碍驾驶人员辨认路旁的交通标志，还可能延长驾驶人员的反应时间，影响正常驾驶，不利于交通安全。因此，设置交通标志应尽量远离商标、广告和奇景奇物。此外，还应加强驾驶人员的培养训练，提高其对交通标志的视认能力和对交通安全的警惕性，从而提高驾驶人员的抗干扰能力。

五、行驶中的视觉变化特点

车辆在不停地前进，驾驶人员不断地注视前方，近旁的一切都好像在运动，道路两旁的东西历历呈现在眼前，而又“稍纵即逝”，只有遥远处的对象物，看来好像是不动的，这就是驾驶中的视觉环境特征。在这样的视觉环境特征条件下，驾驶人员的视觉也会发生变化。

在高速行车时，驾驶人员注视远方，其视野随车辆速度的变化而变化。实验表明，当速度为40km/h时，视野低于100°；当速度为60km/h时，视野约为75°；当速度为80km/h时，视野约为60°；当速度为100km/h时，视野已低于40°。另一方面，视线注视点随着速度的增加而距离眼睛愈远。根据实验指出，当速度为20km/h时，眼睛至注视点的距离约为67m，当速度为40km/h时，约为180m，当速度为60km/h时，约为335m。速度越快，视野越窄，注视点越向远方移动。结果，驾驶人员的目光变成山洞视，与催眠术经常利用的视野限制相类似，从而导致道路催眠，这对行车安全是非常不利的。因此，必须采取措施使驾驶人员的注视点强制转移，以避免交通事故的发生。

一般来说，视觉易于注意随时变化的东西。因此，驾驶人员在行车过程中能否迅速认知物体，不仅在于对象物的位置与大小，而且还在于物体必须有所变化。如果对象物变化太小，而且又缺少确认的辅助设备和措施，则驾驶人员因总是直视前方，而对对象物难以注意和判断。一些城市中，在一些行人横过的马路、街道上设置黄色闪光以示行人优先处，其目的就是有助于驾驶人员的确认，警告驾驶人员需加倍小心，如有必要，应在过路处停车，以保护行人的安全。

第二节　步行者的行为特点

人类有了交往、活动的愿望，促进了路的发展。路是人们践踏裸露出来的光秃小径，正如鲁迅先生所说："世上本来没有路，走的人多了便成了路。""步行"是人们最基本的行为方式之一。古代城市中，步行是主要的交通手段，因此道路基本上是人行道，人们在城市里来往自如，生活充满情趣。经过几千年的发展，城市变成了汽车的世界，道路上拥满了汽车、摩托车、自行车等交通工具，步行空间被瓜分得越来越少。然而，不论交通工具多么方便快捷，步行环境多么日益恶劣，交通事故多么频繁发生，人类的步行行为都不会消失。这是因为，步行不仅是最灵活方便的交通手段，更重要的是当今社会激烈的竞争使人们承受了较大的压力，对情感交流的渴望更加强烈，而人们许多有意义的社会活动、深切的感受、交往关怀和获取信息等都是在步行过程中发生的。"脚踏实地"的步行使每一个人都轻松自在，并有时间去观察、感受、停留和参与，这就是在各种交通方式发展水平都很高的今天，人们依然钟爱最原始的步行交通的原因。为市民提供安全、舒适的步行空间是当今世界城市外部空间规划设计中"以人为本"观念的一个重要体现，要想使步行空间符合人们的行为规律，了解步行者的行为特点是十分必要的。此外，步行者的行为特点还对如何采取措施，化解步行交通与汽车交通之间的矛盾，从而达到交通安全的目的有着重要的指导作用。

一、步行活动的三种类型

人类的步行活动可分为三种类型：必要性步行活动、自发性步行活动和社会性步行活动。每一种步行活动类型对步行空间环境的要求都大不相同。

必要性步行活动是人们在日常生活和工作中在不同程度上都要参与的有点不由自主的步行活动，例如出现在上学、上班、购物、出差等活动过程中的步行。由于这些步行活动是必要的，一年四季在各种条件下都可能进行，因此相对来说与步行空间环境质量关系不大，参与者没有选择的余地。

自发性步行活动只有在人们有参与的意愿，并且在时间、地点可能的情况下才会产生。大部分娱乐消遣的步行活动都属于这一类型，例如散步、健身、玩耍、游览等。这种类型的步行活动与步行空间的环境质量密切相关，当天气适宜、步行空间具有吸引力时，大量的自发性步行活动也就会随之发生。

社会性步行活动指的是在步行空间中有赖于他人参与的各种步行活动，包括儿童游戏、交谈、各类公共活动以及最广泛的社会活动——被动式接触，即仅以视听来感受他人。在绝大多数情况下，社会性步行活动是由另外两类步行活动发展而来的，当步行空间环境质量高时，尽管必要性步行活动发生的频率基本不便，但它们显然有延长时间的趋向，加之自发性步行活动的发生频率上升，人们处于同一空间中的机会和时间增多，就会自然引发各种社会性步行活动。

二、步行者的行为特点

在步行交通中，行人最突出的行为特点就是：可以在极短的时间和极短的距离内变更自己的意志和行为。也正是由于行人这种行为变化的任意性，使行人事故在交通事故中占有相当大的比例。根据我国历年来的统计，在行人事故中，大部分都发生在行人横穿道路的时候，其中受害者以老年人为最多，其次是儿童。下面我们就来分别了解一下老年人、儿童和青壮年人在横穿道路时的行为特点。

1．老年人的行为特点

一般老年人因生理机能衰退，体力不足，视力和听力下降，导致感觉和行为都显得较迟缓，在步行时发现和躲避车辆的能力较差，常常不能正确估计机动车辆速度和自己横穿道路的速度，对自己与机动车之间的距离判断也不够准确，有时因判断不清而发生与机动车辆争道抢行的现象。而且，老年人喜欢穿深颜色的衣服，在夜间往往不易被驾驶人员发现。

2．儿童的行为特点

儿童由于身体矮小，眼睛距地面高度低，视野较狭窄，导致对交通状况的观察受到限制。其对交通安全的判断能力需要随着年龄和智力的增长逐渐学习。在穿越道路时，儿童的心理负担较大，往往急于达到道路的另一侧而跑步穿越。由于儿童活泼好动，胆大冒失，所以常在上学或放学的路上结伴而行，追逐玩耍，有时还会冲到路上来，让驾驶人员措手不及。而且儿童的目标较小，不易引起驾驶人员的注意，这对儿童的交通安全非常不利。

3．青壮年人的行为特点

青壮年人感知力强，反应速度快，有应变能力，有较丰富的知识和经验，所以在步行中对交通情况的观察力和判断力都很强，会选择有利时机穿越道路。但是尽管如此，青壮年人交通事故还是时有发生。这是因为，青壮年人不但是社会工作和生产的主要承担者，也是家庭的主要劳动者，繁忙的工作和家务劳动常常会使其处于疲劳状态，以致判断力和反应力下降，加之青壮年人的步行多属于必要性活动，往往为了赶时间而对交通情况观察不足，最终导致事故发生。此外，一些青壮年人争强好胜，自认机灵善变，对来往车辆不在乎，甚至与汽车抢道，或者在穿越道路时成群结队、嬉笑言谈，注意力不集中等也是造成交通事故的原因。对于这种情况，最好的解决办法就是加强交通安全宣传教育，使行人具有较强的交通安全意识，自觉遵守交通规则。

三、步行心理

1．不同的行人，有着不同的心理状态

行人是复杂的，有性别、年龄、职业、个性等差别，这些行人的特点，反映出不同的心理，他们在行走路线的选择上也有所不同。最明显的莫过于老年人和儿童行路，无论在选择道路上、方向上，或是行走步履上都有着显著不同：儿童喜欢快走，跑步，在不同方向上乱窜；老人总是选择安全安静的道路行走，慢条斯理，不急不迫。而成年人走路又不同，大都有事在身，目的明确，喜欢抄近路、走大路、走直路，等等。

2．步行活动类型不同，行走路线也不同

步行活动类型不同，选择的行走路线也不同，反映出的心理状态也各异。一般来说，必要性步行活动，如上下班或办紧急的事，心里有紧迫感，希望赶快到达目的地，因此总爱抄近路，走直路，为了便于换乘交通工具，总是选择离机动交通近的步行道。而自发性步行活动和社会性步行活动，如散步、游览、交谈等，其目的是为了娱乐休闲、交流情感、获得信息，有轻松感、愉悦感，则总是喜欢选择不受机动交通干扰或干扰较少的安全舒适的步行空间，走曲折的路、环境优美的路，以便悠哉游哉边走边欣赏景色。

3．抄近心理

在必要性步行活动中，步行者的目的性很明确，大多数人都不愿绕道太多，都喜欢走直路、抄近路。因此经常可以看到一些没有设置保护栏杆的绿地被人们为了抄近路而践踏，开辟出一条道路。人们走捷径的愿望是非常执著的，当遇到难以逾越的障碍不能径直走向目标时，人们也总是喜欢冲着目标的方向及早转弯或过马路，以满足感觉上的接近心理，尽管有时这样走距离会更远些。

4．舒适心理

人们总是喜欢选择平坦的路线行走，总是试图绕开高差变化的地段，宁愿选择不太长的迂回路线，也不愿爬上爬下。这是因为高差的变化会给步行者带来很大麻烦，上下大起大落是很费力气的，并打乱了步行的韵律。人们步行过程中这种追求舒适的心理使其在穿越道路时宁愿多走几十米距离经人行横道过街，也不愿选择近旁的人行天桥或过街地道。当然，当高差变化的不利因素被迂回的长度所抵消时，则又另当别论。

5．停顿心理

人们在步行过程中，经常会有停顿行为，停顿的目的不同，停顿的方式和地点选择也不同，心理状态也不同。

当遇到前方来车或有紧急情况发生时，行人往往是随便地、任意地停顿，因为身体无其他依托和防护而在心理上有紧张感。有时即使在心理上想找一个依托和防护体，但环境条件往往不许可，时间又来不及，这使得心里更紧张，所以慌乱起来，交通事故大多就在这种情况下发生。当为了候车、等人时，行人会选择在最易看见车辆和来人的地方，或自己易被他人发现之处停顿。如选择在交叉路口、车辆出入口、大型建筑物门前等。这种停顿一般是较安全的，只是有时因盼望心切，神志入迷，而忽略了前后左右发生的事情，停顿位置稍有不妥，就容易被行人或车辆所撞，发生安全事故。这两种停顿多见于必要性步行活动中。

在步行过程中，人们看见了有特色的景观，如水景、雕塑、花坛、广告牌等会停下来观看、欣赏。停顿时间的长短与周围环境的质量，步行者的年龄、身份、兴趣等因素有关。周围环境质量高，停顿时间长，反之则短。一般来说，年轻人的生活比较忙碌，而老年人和儿童的生活比较轻松，闲暇时间较多，因此老年人和儿童的停顿时间会更长些。这种停顿在自发性步行活动中较为多见。

当然，在城市中最吸引人的因素还应是人及其活动。当人们在步行过程中遇见熟人时，便会停下来打招呼，时间允许的情况下，还会找个安全、环境好的地方交谈或是边走边谈。当遇到有趣的活动时，人们会停下来观看，有时还会参与到其中。此时，人们的步行活动也就从另外两种类型发展成为社会性步行活动了。

6．步行距离与感觉距离

从体力上来说，步行也是有条件的。大多数人能够或者乐意行走的距离是很有限的。大量的调查表明，对大多数人而言，在日常情况下步行400~500m的距离是可以接受的。对儿童、老年人和残疾人来说，合适的步行距离通常要短得多。但是步行距离的长短绝不仅仅取决于体力，人们乐意步行多远往往受主观因素的影响很大，也就是说，感觉距离更重要。看上去平直、单调，而且毫无防护的一段500m小道会使人觉得很长、很枯燥。而如果这段路程能给人各种不同的感受，则同样的长度就会使人觉得很短，身体也不会感到疲劳。

7．方向感与路径

人们为了到达某一目的地，总是向着这一目标前行，在行走过程中总是有意识地校正前进方向，让自己的身体正面对向最终目标。因此，当不同的人从相同地点出发去同一目的地时，共同具备的方向感使他们总是无意间沿着同一路线前行，久而久之就会踩踏出一条小径，道路也就是这样形成的。而一旦人们知道道路的存在后，当想去某一个目的地时，首先会很本能地寻找这一方向上的路径，然后自然地沿着路径前行。路径诱导着人们的视线，给人以方向感和安全感，使人们轻松愉快地到达目的地。为什么在雪地中我们往往只是看到几条通向不同方向的足迹，而不是到处都布满了脚印呢？道理就在于此。

第三节　环境对人的心理及行为的影响

在我国，百岁老人比例较高的地区主要是新疆、西藏、青海和广西。这些地区处于高原和深山，气候寒冷或温暖，没有严寒酷暑，空气新鲜，饮水洁净，没有污染。这里的人们大都性格开朗，情绪愉快，心胸宽广，人际关系和谐融洽。拥有恬静、安乐的生活环境，这是世界长寿地区的一个共同特点，可见环境对人的心理及行为的影响是非常重要的。

在现代城市生活中，人们的自发性步行活动以及大部分社会性步行活动都特别依赖于步行空间的环境质量。当质量差时，这些有特殊魅力的步行活动就会逐渐消失，而当质量高时，它们就会健康发展，不但步行者数量会成倍增加，而且步行时间也会延长，步行活动的内容也更加丰富。人们的活动构成城市中最引人注目的景观，城市看上去生机勃勃，充满人情味。环境优美的步行空间使步行者感到神清气爽，心旷神怡，很快消除工作中的疲劳，忘却烦恼，恢复愉快的心情，激发人们的生活热情。这种乐观向上的情绪会提高人们的工作效率，增强人们的食欲，使睡眠安稳、酣甜，让人们更加健康长寿。

当驾驶人员在环境优美的道路上行驶时，道路线形在视觉上的和谐性与连续性，路线与沿线的地形、地质、古迹、名胜、建筑物、绿地、水面间的协调，中央分隔带的绿化，交通标志、照明设施的完善等都会给驾驶人员带来愉悦的心情，减少疲劳，也就会减少交通事故的发生。因此，当新开辟一条宽阔而环境优美的道路时，附近的交通量就会立刻被吸引过来，甚至一些驾驶人员为了领略美好风光，不惜绕道行驶，可见，驾驶人员对环境优美的道路是多么的情有独钟(图4-3)。

图 4–3

第五章　铺装景观的功能特性

铺装景观具有双重功能，既在交通规划、安全管理方面发挥重要作用，又在改善城市外部空间环境领域显示独具魅力的装饰特性。本章将详细介绍铺装景观的功能特性——交通功能与环境艺术功能。

第一节　铺装景观的交通功能

一、行车支承

铺装景观首先作为一种铺装形式而存在，是路面的一种。必须满足对路面结构性能和使用性能上的要求，保证车辆和行人安全、舒适的通行(图5-1)。

铺装应满足承受荷载、抵抗自然因素影响等方面的要求。应具备足够的强度和刚度，以抵抗在行车荷载作用下所产生的各种应力和变形，避免出现断裂、沉陷、车辙和波浪等破坏。应具备良好的稳定性，在受到水分和温度变化影响的不利季节仍能保持足够的强度和稳定。应该经久耐用，具备较高的抗疲劳强度以及抗老化和抗形变累积的能力，避免过早出现疲劳破坏、塑性变形累积和表面磨损。应该保持一定的平整度和抗滑能力，以提高行车速度，增进行车舒适性与安全性。这是铺装景观作为道路面层最基本的功能。

图 5—1

二、功能图示

现代道路交通发展最显著的特点是方便、快捷，由此而引发的安全问题同时也成为各国注目的焦点。在第四章第一节中，我们已经了解到随着车速的增加，人的视力、视认性都会明显下降。因此在现代交通工具高速行驶过程中，传统的设置在路旁的道路交通标志的功效受到了严峻考验(图5-2、图5-3、图5-4)。有人曾作过这样的调查：在道路途中拦住1000个正在行车的驾驶人员，要他们对刚才走过的一段道路上的五种专门类型的交通标志进行回忆，当时能够“回忆起”这些交通标志的驾驶人员平均只有47%。从调查所得的百分数来看，情况是不乐观的。由于对交通标志的知觉反应淡薄而引起的交通事故是世界各国车祸不断发生的原因之一。因此各国专家都十分重视交通标志的研究，对其性质、内容、颜色等进行精心设计，以提高交通标志的注目性和视认性，使驾驶人员能迅速地、准确地判读和了解交通信息，做出相应反应。但是，在车辆高速行驶过程中，设置在路旁的交通标志还是往

图 5—2

图 5–3

图 5–4

图 5–5

往会被建筑物、电线杆、树木、广告牌等自然的或人为的障碍物所遮挡，使驾驶人员的视线受到影响和干扰，达不到预期的安全效果。

而路面标示就不会发生这样的问题。驾驶人员在行车中总是习惯于把注意力集中于路面，时时注视在路面上，即使在路旁等处有杂散的景物也很难转移驾驶人员的注意力。正是由于驾驶人员的这一视觉特点，人们很早就发现刷在道路上的白字不但不会阻碍交通，而且用它们表现交通信号更容易让驾驶人员看到，在道路上画黑白条纹做标记的方法很令人满意，于是这种做法被广泛应用于交通安全管理中(图5-5)。这些路面标示在驾驶中发挥着重要作用，特别是在夜晚行驶时，道路中心线的标示，成了行车的基准线；道路的边缘标示，成了警戒标志，标志可以引导驾驶，成为交通的向导。为了提高驾驶效能，增加驾驶人员的警觉性，减少事故，常常根据道路特点，设置不同的路面标示，常见的路面标示有以下几种：

1）环形交叉减速路面标示　在进入道路环形交叉前约400m处，在路面上涂上黄色横线条，这些线条间距随着接近环形交叉而由疏到密。这样，当驾驶人员看到路面黄色线条标示后，首先产生警觉刺激，然后降低速度，使之“适应”越过这些线的速度(驾驶员会自动地减速，因为过这些线时，他会觉得车辆正在以不断增加的速度通过)。这是利用视错觉效果。

2）道路转弯减速路面标示　在道路转弯处(弯道)，做上V形路面标示，可以使驾驶人员降低车速。使用这种道路标示的具体做法是：在道路出现弯道前约100m的路面上，涂上V形线条，然后在弯道本身也漆上V形线条成人字图形，这个人字图形线就会使驾驶人员造成一种道路变狭窄的错觉，从而降低车速。

3）其他路面标示　根据道路情况，把各种形式的路面标示(如能产生视错觉心理减速的路面标示、能加强刺激的警觉路面标示等)，涂在有障碍或危险地段，如行人过街处、分流合流处等，都能对人们的行为产生影响，取得预期的安全效果。

以上几种路面标示尽管不会受到路旁建筑物、电线杆、树木、广告牌的影响，但其安全效果却受到时间的影响。国外实测数据表明，在一个环形交叉处，刚刚涂上黄色横线条的路面标示时，车辆接近环形交叉时的平均速度是44.1km/h，一年后则上升为52.4km/h。可见，路面标示的清晰程度对驾驶人员的行为影响是非常大的，要保障其安全效果，必须定期重新涂刷。如图5-6所示，涂刷的路面标示已随时间变化退色并发生破损。

图 5−6

而在国外，将铺装景观作为一种路面功能图示应用于道路交通安全管理中已经获得了较为显著的效果。与直接涂在路面上的路面标示相比，铺装景观是作为一种路面形式存在的，以其作为路面标示，耐久性强，可以确保在设计年限内效果的稳定性。其丰富的路面图示功能，可以弥补现有路旁道路交通标志和路面标示的不足，更加有效地进行交通管理，促进道路交通安全。因此，铺装景观作为一种加强道路交通安全的有效措施必将得到越来越广泛的应用。现在，我们就来具体研究一下铺装景观的路面图示功能。

1．划分不同性质的交通区间

城市环境的可辨识性对满足人们安全需求有着重要作用。良好的城市结构不但有助于人们识别城市的方向和方位，松弛人们由于对城市的陌生而产生的紧张感和不安全感，还能引发人们对环境归属感的需求。由于城市道路是构成城市的基本骨架，因此城市道路的可辨识性将对人们的行为产生重要影响。可辨识性是城市道路交通安全的重要内容，而铺装景观可以有目的地运用材料、色彩等表面特征来划分不同性质的交通区间，增强城市道路的可辨识性。人们通过铺装色彩、质感、构形等变化很容易辨别车行道、超车道、公共汽车专用道、自行车道、人行道、停车场、步行十字路口等等，道路的使用性质一目了然，这对交通安全是非常有利的(图5-7)。

(1) 公交专用区间

目前，城市交通是世界大城市所面临的共同问题，而各国政府积极解决交通问题的一个主要办法就是鼓励人们尽量选择高效的公共交通工具。其中，公共汽车由于具备运量较大、投资少、灵活、机动、适应性强的特点成为城市公共交通的绝对主力。为了减少交通拥挤和阻塞，改善居民的出行条件，“公交优先”政策成为各国共识。

在日本、澳大利亚的一些大城市，都通过采取公交车优先、大型综合换乘站和公交专用道等措施来提高交通效率。公交优先包括建立巴士专用线、运输专用线、交通信号灯公交优先系统及专用道上的巴士湾等设施。为了使巴士专用车道更加容易辨认，也为了帮助司机不至于走错路线，巴士专用道的路面全部采用红色或黄色的铺装(图5-8)。这些彩

图 5−7

图 5−8

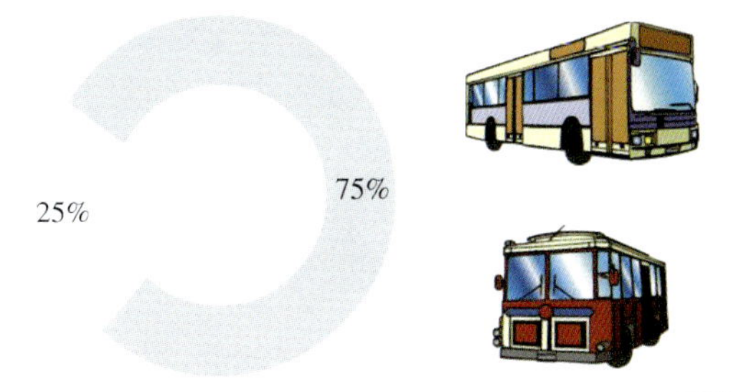

图 5−9

色公交专用道显示了优先者的便利，避免了其他车辆干扰，让公共汽车好似行驶在“高速公路”上，准点快速。

在我国，随着城市化进程加快，城市公交行业改革也不断深入发展，投资主体多元化和公交投资力度不断加大，城市公共交通取得了较大发展，以大运量的公共汽车和电车为主的客运量约占城市公共交通总量的75%左右(图5-9)。2000年，我国城市客运量达314亿人次，线网长度8.74万km，运营车辆达22.5万辆，充分发挥了城市客运在公共交通中的主体作用。下一步，建立完善的公交专用道路网是一个重要的发展目标。目前，我国的常规做法是在道路表面涂上“公交专用车道”的文字标示来划分公交专用区间，但是这种做法不能完全保障公共交通的优先权。往往是在有文字标示的路段可以引起驾驶人员的注意，而在没有文字标示的路段，其他社会车辆就会无意识地侵入公交专用区间，对公交运行产生影响、干扰，导致交通阻塞、运行缓慢的不良后果。

而国外的一些大城市运用铺装构筑彩色公交专用道路网已经取得了很好的效果，相信随着我国“公交优先”政策力度的不断加强，这一简单有效的措施也必将得到广泛的应用，这对推动我国城市公共交通的快速发展具有十分重要的作用。

(2) 自行车专用区间

在我国，城市道路多数为机动车、自行车和行人共用。如果各种交通流的通道分割不合理就会影响交通的安全性。因此，我国大城市改善交通状况的重要思路，即实行机动车与自行车、行人分系统行进，常用的措施是设置分隔带。但在老城区，由于道路比较狭窄，这一措施并不适用。交通拥挤，人满为患，不能心情舒适地活动，是市民对老城区交通状况最突出的意见。如何改善老城区的交通状况呢？一般来说，自行车交通是主要矛盾。自行车数量多，占地大，机动性强，如不加管理，既可穿行于密集人群之间，又容易侵占机动车空间，干扰机动车行驶，导致交通事故发生。因此控制老城区的自行车交通是十分必要的。在自行车与机动车混行的街道，运用铺装划分出自行车专用道，将自行车严格限制在自己的区间内行驶，会非常有助于交通安全(图5-10)。由于自行车与行人冲突的危险性远远低于机动车与自行车冲突的危险性，国外也有将自行车道与人行道设置于同一标高，使自行车道与机动车道严格分离开来，而同一标高的自行车道与人行道通过铺装色彩、质感划分，既确保了城市道路交通的顺畅，又提高了道路的安全性，这一做法是非常值得我们借鉴的(图5-11、图5-12)。

图 5—10

图 5—11

图 5—12

图 5—13

2．界定人行道与车行道边界

没有人否定快捷的交通在城市生活中所占的地位，但必须反对的是交通的无限扩展以及对所有道路的傲慢侵入。在人车共存的空间中，为了保证行人的安全和活动的自由度，同时又解决交通运输，确保交通畅通，常规的做法是将人行道与车行道设在不同高差的地面上，以划分各自的领域。尽管如此，当人们走在道路两侧较窄的人行道上时，还会有一丝紧张和不安。所以，世界上一些国家的科技人员都在想方设法设计出各种新颖的人行道，他们利用路面铺装色彩、材质、构形的变化，或再配合隔离墩、隔离绿带、界桩、栏杆等硬质隔断加强人车间的拦阻，界定人行道与车行道边界，既保障了交通运输的畅通无阻，又提高了行人步行的安全性与舒适性(图5-13)。

例如，美国路易斯堡的人行道，用白线划分成三条道。喜欢看橱窗闲逛的人可走里边的道，习惯慢步行走的人可走中间的道，急于赶路的人则可先走外边的道。日本的街道一般比较狭窄，采用彩色铺装配合硬质隔断的人行道设计，大大增强步行安全感和舒适感，获得市民的欢迎(图5-14)。新加坡的一些人行道采用彩色水泥砖或天然的有色石块铺成，被称之为“彩色人行道”。而澳大利亚布里斯班河畔的步行道铺装考究，辅有一些带特殊图案的彩色路标，使步行活动更具趣味性(图5-15)。

3．警示

道路交通标志和交通信号对驾驶人员和行人都是极为重要的。其作用实质上是希望能让驾驶人员或行人很快地发现，正确地辨认之后进行准确驾驶，从而达到交通安全目的。因此，交通标志的设计必须鲜明突出，要有足够的注目性和良好的视认性，对此各国专家学者都做出了许多努力。

近年来，为了适应现代交通快速行驶的特点，弥补现有交通标志在快速行驶状态中的功能缺陷，根据驾驶人员的视觉特性，尤其是行驶过程中对路面的注视性和对色彩的敏感性，日本、美国及欧洲的一些国家纷纷将注意力转移到路面标示的研究中。曾有报道说，日本北海道有一家餐馆，业主将室内的墙壁漆成冷色调——蓝色，结果在冬季即使开了暖气，前来就餐的人们依旧穿着厚厚的羽绒服，后来改成粉红色，情形则大为改观。而日本的一些工厂将洗手间的墙壁漆成深蓝色，其目的即是避免工人在洗手间过多停留，以提高工作效率。根据人们这种颜色视觉特性，日本、美国及欧洲的一些国家开始在特殊路段运用改变路面铺装色彩的方法警示司机和行人，来提高道路交通安全。也有改变路面铺装材料或在路表安装发光装置的，都获得了非常好的安全效果。

例如，国外一些道路在转弯处、分流合流处、隧道入口、交叉口、人行横道、收费站、停车库出入口等特殊路段或场所往往采用彩色路面铺装，通过路面色彩变化有效警示司机和行人(图5-16、图5-17、图5-18、图5-19、图5-20、图5-21)。而阿姆斯特丹的一些人行横道线，不是白漆标线，而是辅设的一个个高

图 5—14

图 5—15

图 5—16

图 5—17

图 5—18

图 5—19

图 5—20

图 5—21

出路面1英寸的橡皮圆盘，司机驾车驶近时，会有一种通过障碍的感觉，自动减速慢行，谨慎地通过横道线。日本爱知县有50条人行横道安装了红色发光装置，只要天黑后有行人穿越，发光装置便主动闪烁，提醒司机减速，以防止交通事故。

铺装的这种警示功能具有非常好的应用前景。在经过生活小区、学校、医院、大型工厂等行人出入较多的路段，改变铺装的色彩或质感都可以有效地提醒司机减速，注意行车安全。

在我国，由于建国后经济水平的限制，无法修建地方村镇道路与国道衔接，又要保证这些村镇的交通便利，因此进行国道选线时往往都是从村镇旁边经过的。国道修好后，一些人为了方便经营，又开始在路两侧建房，导致今天国道穿越村镇的局面。由于村镇居民的交通安全意识普遍较差，抢穿公路、在公路上嬉戏打闹的情况经常发生，加之牲畜也经常跑到路上来，在这些路段的交通事故率长期以来居高不下。尤其在夜间，对于不熟悉路况的驾驶人员来说，安全隐患更为严重。如果能够在临近村镇的路段就改变路面铺装的色彩或材质，则可以提醒驾驶人员注意观察前方路况，及时做出反应，有效地保障村镇居民的生命安全和减少财产损失。这一措施是非常适合我国目前公路交通安全管理需求的。

4．诱导

在城市形象建立中，路径占主导地位。在此我们将路径分为大路径和小路径两种。大路径是对整个城市空间而言，习惯地认为人们经常活动的通道，包括主次干道、水路、铁路等都是大路径。它们构成了城市的空间骨架，是城市的骨骼系统，通过线形的变化给人以方向感和方位感。因此说，大路径是人们认知整个城市的基本要素。而小路径是针对具体的城市空间而言的，例如一条道路空间，一个广场空间等，小路径是人们认知这个具体空间的基本要素。从心理学角度讲，人们在任何空间活动时，都希望获得一种方向感和方位感。与设置路标、指示牌相比，通过地面铺装图案、色彩、质感变化给人的方向感和方位感更为直接和更容易为使用者所接受。这种利用铺装形成的路径有时是可见的，诱导人们的视线，给人以方向感；有时只是形成一种路径感，从心理上诱导人们轻松愉快地到达目的地，给人以安全舒适的感觉。可以说，铺装是形成这种小路径最简单、最有效的措施（图5-22、图5-23）。

图 5–22

图 5–23

此外，铺装还可以对人们产生某种心理暗示，进而诱导人们的行为。例如，只限于步行者使用的区域，为了保证救火车、救护车的进入，入口处不能设置任何障碍，但可以在入口道路上铺上鹅卵石，这对其他司机来说，暗示着禁止入内(图5-24、图5-25)。而在一些生活性街道，采用块石、小方石等质感粗糙的砌块材料进行铺装，则暗示着步行者的优先权(图5-26)。与设置标示牌相比，这种做法少了命令性和强制性，就像温和的态度总会比粗暴的态度更容易被人接受一样，人们会愉快的接受暗示，并在行为上遵守这个规则。

图 5—24

图 5—25

图 5—26

5. 缓解疲劳

在很长一段时间内，人们一直认为笔直的公路好。在高速公路设计中，以为笔直的路段越长，到达目的地的距离就越短。但这一做法却忽视了由于太长的笔直公路所带来心理上的弊端。从交通心理学的角度来看，过长的直线公路，不但容易使驾驶人员造成思想麻痹和错觉，而且也会产生视景与操作的单调、乏味感，本来距离不长的公路，在心理上却产生了长距离感，使驾驶疲劳提前到来，这就容易导致发生交通事故。因此，近年来人们十分重视道路的线形设计，既分析驾驶人员的驾驶特性、从动态的角度研究线形的合理性，又重视乘客的视觉观赏要求，从动态的角度研究道路环境的优美性。设计中注意线形与地形的配合，与周围环境的配合，依地形设计道路线形，用环境来为线形服务，把地形、环境和道路线形融为一体，从而改善了驾驶条件，提高了驾驶效能(图5-27)。

尽管良好的线形设计从一定程度上改善了道路沿线的景观，但驾驶人员在行驶过程中注视最多的还是路面本身，路面看上去就像一条黑色或灰白色的带子，而这两种颜色在人的视觉上和心理上的反应是平淡、乏味和单调的，对人的神经系统有镇静作用，仍然会减弱驾驶人员的注意力。而对于沙漠、戈壁地区的公路，线形设计也无法改变沿线景观的单调性，当驾驶人员在这样的公路上高速行驶时，更加容易疲劳困倦、判断迟钝。这时，如果在路面上做文章，利用铺装适当改变路面色彩则可以有效吸引驾驶人员的注意力，缓解疲劳，使其保持头脑清醒，减少交通事故的产生。合理设计路面色彩的变化，则直线段长些也不会影响安全效果，还会缩短到达目的地的距离，降低工程造价，减少运行时间。如图5-28所示，一条赭红色的彩色高速公路穿越辽阔的沙漠，在莽莽原野中，犹如一条红色火龙，蔚为壮观。

铺装景观不只是在汽车行驶状态下缓解人的视觉疲劳，给驾驶人员和乘客以良好的动态视觉连续感受，更多的是给步行状态下的行人创造良好的视觉连续感受。调查表明，对大多数人而言，令人心情愉快的步行距离通常为400～500m，这是生理因素和心理因素对人行为的约束。但色彩柔和亲切、韵律富于变化的人行道或步行者专用道路铺装则可以使步行者避免灰色水泥砌块单调、索然无味的非人性感受，并从中得到轻松与愉悦。如果间或插入反映当地民风民俗、历史文化的地饰图案，还将使得步行者如同徜徉于户外画廊之中，获得美的享受，使步行活动变成一次愉快的旅游，即使超过500m的距离甚至更长些，也丝毫不会感到疲劳(图5-29、图5-30)。

图 5–27

图 5–28

图 5–29

图 5–30

6．提高亮度

由于人的视力与亮度有关，亮度加大可以增强视力，亮度下降视力就明显衰退，因此夜间交通事故的发生率要远高于白天，这就对交通活动中的照明问题提出了非常高的要求。对此，我们除了进行合理的道路照明规划设计外，还可以利用铺装来增加路面亮度，提高夜间行车的安全性(图5-31)。

在日本，已有采用玻璃珠作为填充材料的沥青路面，可以提供良好的光反射效果(图5-32)。而在英国，将会在偏僻地区和街灯不足的道路上广泛铺设太阳能“猫眼石”。英国路政处表示，这种太阳能“猫眼石”比目前使用的“猫眼石”发光能力强10倍，试验显示，这项设施将大大减少交通意外。

此外，由于人的眼睛对光的亮度变化的适应性，导致汽车驶入隧道时发生交通事故率升高(图5-33)。如当汽车进入高速公路的隧道时，隧道内虽有100勒克斯(lx)左右的照度，但在白天，进入隧道前的照度(天然光照度)几乎达到几万lx。由于明暗差别过大，驾驶人员的眼睛不能适应，这时，即使产生1秒钟的视觉影响(如若车速为60km/h，则1秒钟的视觉影响，相当于汽车行驶了16.7m的距离)，也可能发生交通事故，故应采取相应的安全措施。而利用明色铺装有效提高隧道内路面的亮度，则不失为一种好方法。

7．限制车速

一些生活性街道，既是交通空间，又是生活空间，人和车是合流的。采用一些质感粗糙的材料，如卵石、方石等进行地面铺装，可以有效地限制车速，加强人车混行的安全性，实现人与车的和平共处(图5-34)。

图5—31

图5—32

图5—33

图5—34

第二节 铺装景观的环境艺术功能

一、营造宜人的交往空间

改革开放以来，我国国民经济以持续的高速度迅速发展，经济结构发生巨大变化，城市数量和规模也得到较大的发展，这必然导致我国城市可持续发展问题日益突出。第十六届国际道路会议总结报告中就指出："城市中心交通拥挤加剧，公众对环境看法的改变，使城市道路规划方针和交通组织发生根本变化"。环境保护，人性化已成为考虑一切问题的决定因素。对于城市环境的破坏，现代交通是一个重要因素，改善交通环境已是大城市刻不容缓的工作(图5-35)。

图 5-36

城市的生命源于城市中的人和他们的活动。城市公共空间中，活动展示出城市的勃勃生机。人的活动给空间带来生气，活动使人与环境一体化。随道社会经济的发展，建筑业空前的繁荣，向人们提供优美的外部空间是历史的必然。信息时代的到来大大提高人的工作效率，双休日使人们有更多的时间走上街头(图5-36)。因此现代城市街路除供交通之用外，还要具有多方面的功能，它是城市居民的主要活动空间，应该满足市民进行交往、游赏、娱乐、散步、休憩等功能，以实现对人的关怀(图5-37)。

图 5-37

此外，随着社会的进步和医疗水平的提高，人口结构发生变化，老年人不断增加是一种普遍现象。根据联合国有关规定，一个国家65岁以上的老年人在总人口中所占比例超过7%，或60岁以上的人口超过10%，便被称为"老年型"国家。当前，在全世界190多个国家和地区中，约有60个已进入"老年型"。目前中国60岁以上的老年人已达1.32亿，也即将进入"老年型"国家的行列。人口老龄化已成为当今世界一个突出的社会问题。老年人在退休之后再颐养10年、20年乃至30年的天年是很寻常的事，他们有足够充分的自由时间。由于脱离了社会工作，老年人也就失去了人与人之间因生产劳动而建立的社会交往。作为补偿，他们很喜欢到比较热闹而又不过于喧闹的场所去，找些同龄人打牌、下棋、聊天，另外也看人、看风景、晒太阳，这样既消磨了空闲的时间，也消除了孤独感，重新找回自己在社会中的位置。而儿童具有游戏的天性，任何可以引起儿童兴趣的东西都会被他们利用。美国对5000多名儿童活动场所选择调查表明，良好的铺装步行场地是儿童最喜爱的游戏活动场所，超出草地20多个百分点。

图 5-35

综上所述，理想的城市外部空间环境要为广大市民，尤其是老年人和儿童提供良好的空间环境，以供其休闲娱乐和进行各种社会性公共活动。想起作者还是孩童时，每天和小伙伴们上学都会不约而同地选择那条弯弯曲曲的路边开满野花的小石子路，而舍弃那条直接通往学校的平直沥青路，尽管它要近得多。这说明了从心理学角度讲，如果活动时有两条街道可以选择，一条空寂荒凉，而另一条充满活力，那么多数情况下，大多数人都会选择后者，这是人们对城市生活质量深层次需求的体现。铺装景观的环境艺术功能能够充分满足人们这种需求，通过铺装色彩、材质、构形、尺度的变化，运用不同形式的标高、边界处理手法，为人们创造优雅舒适的景观环境，营造功能性质和特色不同的温馨适宜的交往空间。既满足城市社会性的功能需求，又给不同年龄层次的市民提供公众场所，创造生活情趣，大大提高人们的生活质量。使人们远离都市喧嚣的交通带来的不安全感，愉快、自由地进行集会、休闲娱乐、购物等一系列活动，并在这种丰富的外部空间活动中实现物质与精神生活的双重满足(图5-38、图5-39、图5-40)。

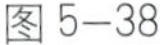

图 5–38

图 5–39

图 5–40

二、建筑物与环境的连接体

在过去的十年里，人们十分注重单体建筑造型的独特与新颖，业主与设计师多试图将自己的建筑成为业绩中的一个商业标记。于是上海的“东方明珠”、广州的“中信大厦”等优秀的建筑成为人们津津乐道的城市象征。然而，这些杰出的建筑仅仅是城市环境中的一小部分，作为一个良性发展的城市还需要有健康的景观环境设施及其多样的艺术表现形式。

例如，地面景观。城市中能够起到连接与结合作用的最有效方法之一是地面的格局。地面是建筑物与环境之间的连接体，它如同一块巨大的底板，让具有各种颜色与质感的建筑如同一些模型，陈设于其上。因此，作为背景的底板——地面也应与建筑物具有同等的景观作用(图5-41)。

图 5—41

然而，这一点在我国目前的城市景观环境建设中仍未引起足够的重视。尽管单体建筑造型不乏佳作，但彼此之间却缺乏必要的呼应，各建筑之间、之前缺乏有特色和有联系的设计。装饰典雅、富丽堂皇的巨型建筑坐落于暗灰色毫无装饰的巨大水泥地坪之上，这种建筑与地面极不协调的现象随处可见，建筑之间呈现出彼此相分离的松散状态，使空间冷漠而缺少人情味，不能吸引人们的视线。

在这种情况下，加强地面的景观设计是十分必要的。尽管作为“底板”，地面仅具有二维的平面属性，但不同质感、不同色彩、不同纹理、不同构形的地面铺装可对三维空间起着迥然不同的装饰、分割、强调、连接和划分的作用，并用它自己的表面特性衬托着立方体的建筑与建筑群。在一些特殊场合，没有限定范围内地面铺装的精心布置，甚至不可能存在某种流派的建筑风格，铺装景观的功能美成了统一外部空间环境必不可少的重要组成部分，它使建筑物与周围环境巧妙地结合起来，浑然一体、别具一格(图5-42、图5-43)。

图 5—42

图 5—43

三、美化城市形象

公共空间的形象往往代表着城市的形象，城市的形象又反映着一个城市的政治、经济、文化和技术的发展水平。城市公共空间景观质量的优劣将对人们的精神文明产生很大的影响。对生活在城市中的人们来说，公共空间景观质量的提高可以增强市民的自豪感和凝聚力，促进城市物质文明和精神文明建设的良性发展。对外地的旅游者和公出办事的人员来说，由于他们在一个城市停留时间较短，而大量时间在城市公共空间中度过，一些有个性的独具特色的铺装景观可以有效地烘托公共空间环境的气氛，它是构成良好公共空间景观环境的重要组成部分(图5-44、图5-45)。

在城市公共空间中，良好的地面铺装景观设计可以起到一个很好的“引人注目”和“触景生情”的效果。“引人注目”是人们心理活动现象之一，视觉具有先行性，由于人的视觉范围的特殊性，人们对环境的印象总是由一个个的小片断组成的，只有先确定流线才能决定每一个“流线片断”上的画面。通过铺装设计可以很容易地引导人们的观察视线，将一个个引人注目的画面组成一道引人注目的风景。“触景生情”是人们审视环境时最常用的潜意识心理活动。中国的成语有许多都被现代商家用作广告语和宣传口号，譬如打着“宾至如归”旗号的餐厅、宾馆，宣传口号是“世外桃源”的居住小区等等，其目的就在于利用人们对环境的“触景生情”的心理，唤起人们“熟悉”的感觉。铺装设计中运用一些绘有历史事项、人物、地图、特色建筑、自然景观以及动植物等地域特色要素的图案进行细部设计，其目的就是在寻找一种认同感，而“认同感”在一定程度上就是“熟悉感”，使人们不由自主地去回忆和联想，从而产生一种文化共鸣(图5-46)。

图 5–44

图 5–45

图 5–46

城市步行街和广场是人们经常通过和逗留的场所，是人流集中的地方。优秀的地面铺装设计往往独具匠心，极富装饰美感。通过地坪高差、材质、颜色、肌理、图案的变化可以创造出富有魅力的路面和场地景观，还可以产生强烈的方向感和趣味性(图5-47)。此外，江河湖海滨畔城市的生活岸线不仅仅是城市的天然边界，也能够成为以轴线景观(如风景道路)为主体的自然公园(图5-48)。作为人们旅游、休息场所的城市公园还包括森林公园、植物公园、纪念公园、街心公园、文化古迹等等。对这些风景园林道路进行铺装，采用合理的方法将具有自然特色的功能美毫无痕迹地融入原有自然景观或人工自然景观之中，不但不会破坏风景园林中自然景观的整体风貌，还会创造出赏心悦目的景观，突出园林的主题特色。例如，现代园林中源于日本的一种较新的铺装手法"枯山水"手法，用石英砂、鹅卵石、块石等营造类似溪水的形象，颇具写意韵味(图5-49)。

从某种意义上讲，城市公共空间的形象就是人们心目中这个城市的形象，那么良好的地面铺装景观则会加深人们对空间的印象，给人们留下更加深刻的感受。而且，大面积的铺装配合绿化还可以有效控制城市扬尘污染，改善城市空气质量，从而形成良好的城市生态环境。

图 5—48

图 5—49

图 5—47

第六章　铺装景观的设计原则

从整体上讲，城市道路铺装景观工程是城市道路工程的一部分，因此应该遵循城市道路设计的基本原则。而其主要目的是为城市居民提供优雅宜人的公共生活空间，涉及到城市中所有与市民生活紧密相关的公共场所，为了充分发挥铺装景观的环境艺术功能，其设计还应遵循以下原则：

1. 以人为本的原则
2. 尊重、继承和保护历史的原则
3. 可持续发展的原则
4. 协调性原则
5. 满足视觉特性的原则
6. 个性原则

第一节　道路设计的基本原则

城市道路设计的主要内容包括城市道路横断面设计、城市道路纵断面设计、城市道路平面交叉口设计等。这些设计内容一般简称为城市道路线形设计。我国城市道路线形设计的主要要求由《城市道路设计规范》(GJJ37－90)所规定。按照这一《规范》，城市道路设计应符合如下一些原则要求：

1) 应按照城市总体规划确定道路的类别、级别、红线宽度、横断面类型、地面控制标高、地上杆线与地下管线布置等进行道路设计。

2) 应按交通量大小、交通特性、主要构筑物的技术要求进行道路设计。

3) 在道路设计中应处理好近期与远期、新建与改建、局部与整体的关系，重视经济效益、社会效益与环境效益。

4) 在道路设计中应妥善处理地下管线与地上设施的矛盾，贯彻先地上后地下的原则，避免造成反复开挖的浪费。

5) 在道路设计中应综合考虑道路的建设投资、运输效益与养护费用等关系，正确运用技术标准，不宜单纯为节约建设资金而不适当地采用技术指标中的极限值。

6) 道路设计应根据交通工程要求，处理好人、车、路之间的关系。

7) 道路的平面、纵断面、横断面应相互协调。道路标高应与地面排水、地下管线、两侧建筑物等配合。

8) 在道路设计中应注意节约用地，合理拆迁房屋，妥善处理文物、名木、古迹等。

9) 在道路设计中应考虑残疾人的使用要求。

为了遵循这些原则实施城市道路铺装景观工程，在这一节中将介绍城市道路横断面、纵平面设计的基本原则及与铺装景观技术密切相关的一些主要设计内容和技术要点。

一、城市道路横断面设计

城市道路横断面是指垂直于道路中线方向(直线段)或切点处垂直于切线方向(曲线段)的断面，主要由车行道、人行道、绿化带、分车带等组成。横断面设计的内容是根据道路等级、性质、红线宽度以及交通资料来确定其各组成部分的宽度与布置。

1．车行道

车行道是指道路横断面上专供机动车行驶的部分。车行道设计应主要解决如下问题：确定机动车与非机动车交通组织原则，确定车道宽度与一条车道的最大通行能力，根据交通量确定车道条数和车行道总宽度及如何布置等。其设计内容大致包括以下步骤。

(1) 设计小时交通量

交通量是城市道路横断面设计的重要依据，合理确定设计交通量既可以保证车行道在近期、远期都能够实现交通安全通畅的目标，又可以使得工程造价经济、合理。

设计交通量按车行道在设计年限末期时单位时间(小时)内通过断面的小客车数量的预测值确定，称为设计小时交通量。预测交通量时，需要根据各类车辆行驶时占据道路空间的大小，将不同车型乘以适当的折算系数换算成小客车的当量交通量。在我国现行规范中，对于一般路段规定普通汽车(如货车、大型客车等)应乘以1.5的折算系数，对于铰接车辆应乘以折算系数2。

设计小时交通量可按下式计算：

$$N_h=N_{da}kd$$

式中

N_h——设计小时交通量(pcu/h)；

N_{da}——设计年限的年平均日交通量(pcu/h)；

k——设计高峰小时交通量与年平均日交通量的比值；

d——主要方向交通量与断面交通量的比值。

年平均日交通量和k、d值应由实际观测值确定，无法实测时k可取0.11，d可取0.6。确定设计年限的日平均交通量时，除需调查现有交通量外，还要考虑正常增长交通量，吸引交通量，发展交通量等因素。

(2) 道路通行能力

路段通行能力分为可能通行能力和设计通行能力两种。城市一般道路与一般交通条件下一条机动车道的可能通行能力N_p(pcu/h)可按车头间距L(m)或车头时距t(sec)计算。不考虑前车刹车，车流安全顺畅地以速度V(km/h)通过时，前后连续两车车头安全间距为L，则：

$$N_p=1000V/L\ (\text{pcu/h})$$

同样，安全时距为t，则：

$$N_p=3600V/L\ (\text{pcu/h})$$

我国现行规范采用的是按车头时距法计算的可能通行能力。

可能通行能力是理想状态下的道路通行能力。实际上，当车行道设置多条车道时，同向行驶车辆由于超车、绕越、停车等原因必然影响另一车道的通行能力。对向车道间有无分车带、非机动车混行量等因素对其也有影响。我国现行规范将可能通行能力乘以道路分类系数得到设计通行能力N_m(pcu/h)，对于快速路，道路分类系数为0.75，主干路为0.80，次干路为0.85，支路为0.90。受平面交叉口影响的车道设计通行能力还应根据不同的计算行车速度、绿信比、交叉口间距等进行折减。

(3) 机动车车道与车行道宽度

机动车车道宽度一般考虑车身外形宽度(包括允许超出车箱装载左右各20cm)、车身边缘与路缘侧石间安全距离、车身边缘与对向或相邻车道边缘的安全距离等确定。我国现行规范规定，当计算行车速度大于40km/h时，一条车道的宽度为3.75m，小于40km/h时，为3.5m，小型汽车专用线为3.5m，公共电汽车停车线为3.0m。

机动车车行道宽度包括几条车道宽度，机动车道路面宽度包括车行道宽度和两侧路缘带宽度，当设有中间分隔带或采用双黄线分割对向交通时，还应该包括分隔带和双黄线宽度。行车道宽度可按下式粗略估算：

$$\text{车行道条数}=\frac{\text{单向的高峰小时交通量}}{\text{一条车道的通行能力}}\times 2(\text{条})$$

$$\text{车行道宽度}=\text{车行道条数}\times\text{一条车道宽度}$$

在实际的设计工作中，不能仅仅依赖这一公式的计算结果确定车行道宽度。不仅道路等级、红线宽度、交通组织、横断面布置形式对其具有重要的约束，道路宽度与两侧建筑物的高度、密度对比是城市景观环境在尺度方面的一个重要影响因素，必须综合考虑、反复论证，取得平衡后方能决定。

2．非机动车道与人行道

非机动车道主要供自行车行驶，可以根据自行车设计交通量与一条自行车道设计通行能力计算自行车车道条数。自行车设计交通量可由调查确定，一条车道的可能通行能力主要采用车头时距法计算，设计通行能力的道路分类系数与机动车道大致相同，对于快速路和主干路取0.8，次干路和支路为0.9。

人骑自行车行驶时要求的安全净空高度为2.5m。自行车车把宽0.5m加上左右摆动要求的安全净空各0.25m，一条自行车道的宽度应为1.0m。车道两侧至缘石各应留出0.25m的安全距离，这样，一条车道的宽度应为1.5m，两条车道时应为2.5m，三条车道时应为3.5m，依此类推。

当自行车道布置于机动车道两侧时，确定其总宽度时还要考虑自行车道宽度的比例，使得尺度效应符合环境的美学要求，过宽或过窄的自行车道都有可能破坏空间尺度方面的视觉平衡。

人行道宽度设计的方法与自行车道大致相同。其可能通行能力可以采用类似于车头间距方法估算，相应于不同步行速度的行人间距L一般采用调查的方法确定。

行人间距L是一个影响因素较多的不确定量，它与行人出行目的、行走环境舒适程度、行人心里感受和趋避倾向等主、客观因素关系极为密切。例如，出勤等目的与目标明确的出行活动者步行速度较快，可达4～5km/h，以休息散步为目的的出行者不仅没有明确的目标，由于心情恬静，行走速度可能仅为1～2km/h。同样是人群密集的行走环境，绿灯信号时穿越人行横道的人群行走速度较快，这是躲避交通危险的心理促使，在商业步行街行走的人群速度则相当慢，甚至不时停下来观赏橱窗或参与交易。在商业步行街上行走，人们对高密度聚集起来人群的拥挤嘈杂熟视无睹，而在火车站、影剧院前的广场上，人们似乎难以忍受片刻的拥挤，匆匆忙忙地离开那里的人群。

一条步行带的宽度通常按行人活动占有空间0.75m计算，但实际调查表明，当行人手持行李或物品时，其宽度可能较大。因此，在火车站、港口码头、大型商店或商业街、主要人行道上，一条步行带的宽度可取0.9m。

设计通行能力同样需要根据不同场所不同情况对可能通行能力进行折减，在我国现行规范中对折减系数作出了具体规定。全市性的车站、码头、商场、剧场、影院、体育馆场、公园、展览馆及市区中心行人集中的人行道、人行横道、人行天桥、人行地道等计算设计通行能力的折减系数采用0.75。大商场、商店、公共文化中心及区中心等计算设计通行能力的折减系数采用0.80。区域性文化商业中心地带行人多的人行道、人行横道、人行天桥、人行地道等计算设计通行能力的折减系数采用0.85。支路、住宅区周围道路的人行道、人行横道等计算设计通行能力的折减系数采用0.90。

人行道宽度同样按照设计高峰小时行人交通量与设计通行能力的比值确定。也可以根据单位面积上的分布人数p（人/m²）和人群步行速度v（m/s），来计算人行道的通行能力N_w、人行道宽度W（m）：

$$N_w = 3600Wvp\text{（人/h）}$$

同样，当人行道布置在车道两侧时，确定其总宽度也要考虑道路总宽度内各部分的比例，使得尺度效应符合环境的美学要求，过宽或过窄的人行道设置也都有可能破坏空间尺度方面的视觉平衡。

3．其他设施

车行道、非机动车道和人行道是城市道路横断面的主要组成部分。此外，分车带、街树与绿化带、路肩与边沟、路缘石等也是道路横断面上不可忽视的组成要素。

分车带可以按照其在横断面上的位置区分为中间分车带和两侧分车带。中间分车带用来分离对向交通，也称为中间带。两侧分车带用来分离机动车道和非机动车道，通常简称侧带。

分车带由分隔带和两侧的路缘带组成。路缘带是道路路面部分的延续，分隔带则可高出路面10～20cm。分隔带可由设施带和两侧的安全带组成，在城市道路中，设施带上可以栽植树木或种植花坛。栽植树木应注意勿使树木侵入道路建筑限界，绿化植物需要的宽度建议为：单行乔木为1.2～2.0m，两行乔木并列种植时为2.5～5.0m，错落种植时为2.0～4.0m，高灌木丛为1.2m，中灌木丛为1.0m，低灌木丛为0.8m，草皮与花丛为1.0～1.5m。分隔带可用缘石围砌，在人行道和公共交通停靠站处应在分隔带全宽度范围内进行表面铺装。在积雪地区，分隔带还将用于堆放冬季的积雪，其宽度应该考虑堆放积雪的要求计算决定。

人行道上除布置步行道外，我国目前城市中还习惯布置绿化栽植，竖立电力、电信、照明线杆，布置阅报栏等，沿街建筑房基散水也需占用一定的空间宽度。为了节约用地，地下也可能埋置电力、电信、供排水管道等。

房基散水的宽度一般为0.5m，绿化栽植的宽度如前所述，工程中常将植树和线杆布置在同一宽度内，一般需要1.5m宽度。埋设电力、电信电缆和供排水管道，为避免电缆和管道之间互相干扰，每条电缆或管道的设计宽度为1.5m。

应该指出，植树、地上杆线和空中电缆布置不当，容易造成道路空间的凌乱而不整齐，也增加了城市用地的宽度。国外许多城市目前在街道空间中仅保存照明灯具，其余管线一律埋入地下，甚至取消或减少了街树栽植。由沿街丰富多彩的商业牌匾构成的二次轮廓线，疏密得当的街头家居提供的休息区，不仅使得街道空间开阔整齐，而且增添了亲切可人的亲密气氛，这一点在组成人行道横断面时是值得我们借鉴的。

在大城市出口或郊区道路以及中小城市道路中，有时不设非机动车道和人行道，并采用边沟排除道路用地范围内的雨水。此时道路外侧设置路肩，路肩不仅用于保护路面结构免遭冲刷，也可铺筑路面形成硬路肩以供非机动车、行人行驶或行走，必要时也可临时停驻机动车辆。计算行车速度为80、60、50、40km/h时，硬路肩的最小宽度分别应为1.0、0.75、0.50m，当有少量行人时则应在此基础上再加宽0.75m。此外，还应考虑在路肩上安设护栏、杆柱、交通标志等对于宽度的要求。快速路右侧路肩小于2.5m，交通量较大时，应设紧急停车带，其间距宜为300～500m。

人行道或分车带外缘一般埋设缘石。缘石是不同功能道路的界线，在我国，除采用缘石作为边界外，人行道通常高于行车道，以升降的方式划分功能空间。按照常规，缘石宜高出路面10～15cm，在个别危险陡峭处为保证交通安全，可高出路面25～40cm，路缘石宽度一般为10～15cm。

路缘石宜采用立式埋置于路面结构中。但人行道、人行横道及车辆出入口处应为斜式或平式，不仅便于车辆出入，也便于儿童车和残疾人通行，有路肩时宜为平式，在分隔带端头或交叉口的小半径处，缘石宜做成曲线形。

4．路拱曲线与横坡度

为了排除雨水，车行道一般做成路拱。车行道路拱多采用双向坡面，由路中央向两边倾斜至排水街沟底部。拱顶到沟底的高差成为路拱度。路拱的基本类型有抛物线形和折线形。

抛物线形路拱比较圆顺，中线处不产生尖峰，其中间部分坡度较小，两侧坡度大，宜于排水，形式美观。普通二次抛物线形路拱中间过于平缓，两侧过于陡急，给施工和交通管理带来一些问题，因此多采用改进的抛物线路拱形式。折线形路拱便于施工，汽车行驶状态较好，缺点是排水不如抛物线形路拱顺畅。城市道路车行道路拱形式较多，一般根据路面宽度、车道数量、气候特点等因素选择使用。

为了排水需要，车行道的路拱应该具有一定的横向坡度，称为路拱横坡度或简称为路拱坡度。路拱坡度大小的确定应以有利于路面排水顺畅、行车安全平稳为基本原则。由于车行道路拱形式多种多样，通常把路拱各点间坡度的平均值称为平均路拱坡度。人行横道一般采用直线形，由建筑界线向侧缘石方向倾斜。

确定路拱坡度时主要考虑如下一些因素：

(1) 横向排水

横向排水与路面结构类型和气候条件有关。路面结构表面越粗糙，雨水流动越困难，横坡度应该越大。表6-1中给出了不同路面结构类型横坡度的设计参考值。表内规定的数值范围可根据当地气候条件选用，干旱地区可采用低限，多雨地区则应选择高限。

不同路面的路拱横坡度　　表6-1

路面面层类型	路拱坡度（%）
水泥混凝土路面	1.0～2.0
沥青混凝土路面	1.0～2.0
其他沥青路面	1.5～2.5
整齐砌块路面	1.5～2.5
半整齐或不整齐砌块路面	2.0～3.0

(2) 道路纵坡

当道路纵坡较大时，纵坡与横坡搭配可能形成过大的合成坡度，给行车安全和道路外观带来影响。因此纵坡较大时横坡度宜小一些，反之亦然。

(3) 车行道宽度和车速

从交通安全和观瞻角度出发，车行道宽时路拱横坡度宜小一些，同样，车速高、交通量大的道路坡度也应该小一些。高速行驶时，如果路拱坡度超过2%，不仅驾驶员将产生不安全感，制动时也确实可能发生侧向滑移。

对于人行道，为了加快排水速度可以采用稍大一点的横坡度，但过大的横坡度给人以倾斜感，也不美观。在有铺砌的人行道上，除参照表6-1选取横坡度外，通常可以选择2%的横坡度。对于城市道路铺装景观，路拱坡度的选择也是同样重要的一个问题，必需遵循上述原则，根据材料和路面结构的特点加以确定。

二、城市道路纵平面设计

城市道路的功能首先在于维持城市日益增长的交通需要，即适应道路可能发生的交通量，同时保证车辆能够快速、舒适、经济、安全地通过。另一方面，道路空间是一种线性环境，是城市景观中最重要的基本空间环境要素，并限定了城市景观的总体规划与设计。

城市道路纵平面设计是实现上述城市道路双重功能的重要组成部分，其主要设计内容包括：布线、行车视距计算及弯道内障碍物的清除、桥梁与交叉口的平面布置、广场及停车场等其他公共设施的布置安排、道路绿化与照明、纵断面设计与排水等。

1．城市道路平面布线

(1) 布线的基本要素

城市道路平面线形主要由直线、圆曲线和缓和曲线组成。

直线是道路中最常用的线形，具有设计简单、视距良好、方向明确、距离短捷等特点。对于城市快速路和主干路来说，直线能够保证车辆高速平稳顺畅的行驶，但过长的直线线形最大的缺点是容易导致驾驶员视力疲劳、精神倦怠，引起交通事故。在城市中，长直线容易使人感到街景单调、缺少变化而毫无生气。

在两条直线交角处，一般设置圆曲线。道路线形设计的基本原则是保证车辆平稳行驶，即线形平顺。所谓线形平顺，一是指道路线形应该避免曲曲弯弯，二是车辆应该以平稳或尽量平稳的速度在道路上行驶。根据车辆行驶速度和其行驶中的机械特性，两条直线间的圆曲线应该采用比例较大的半径来保证行驶的平顺性。在现行的《城市道路设计规范》中以不同计算行车速度下允许的最小圆曲线半径限定实现了上述技术原则。

缓和曲线通常用来连接直线与圆曲线，或连接两个半径不等的圆曲线，以保证行车轨迹平顺地渐变。缓和曲线一般采用三次抛物线、双扭曲线、回旋曲线等曲线形式，这些曲线的曲率改变率连续且柔和，可以使得驾驶人员由直线段或由一个曲线段驶入另一个曲线段时保持视觉的连续性，驾驶操作比较方便，行车舒适且安全。

(2) 平面布线的技术要求

过去，城市道路中主要设置直线形车道，近年来随着城市快速交通的发展，在快速路、主干路和城市高架道路中开始普遍使用曲线线形，曲线已经成为城市道路的主要线形要素。以曲线线形为主的道路流畅生动，两侧景观富于变化，也是城市道路美学设计中广泛使用的线形要素。

为了提高汽车行驶的平顺性，增加线形的流畅与动感，在城市道路平面设计时，对于直线与曲线、曲线与曲线的连接以及缓和曲线的设置，一般需要满足如下的技术要求进行布线。

直线　计算行车速度大于60km/h时，直线应该满足下列要求：同向曲线之间直线的最小长度不得小于计算行车速度的6倍。例如计算行车速度为80km/h时，同向曲线间直线的距离应大于480m；反向曲线之间的直线最小长度不得小于计算行车速度的2倍。当计算行车速度不到60km/h，地形条件困难时可不考虑上述限制，但应满足设置缓和曲线最小长度的要求。

圆曲线半径与长度　圆曲线半径与长度的限制值分别列于表6-2和表6-3中。

圆　曲　线　半　径　　表6-2

计算行车速度（km/h）	80	60	50	40	30	20
不设超高最小半径（m）	1000	600	400	300	150	70
设超高推荐半径（m）	400	300	200	150	85	40
设超高最小半径（m）	250	150	100	70	40	20

圆曲线最小长度　　表6-3

计算行车速度（km/h）	80	60	50	40	30	20
圆曲线最小长度（m）	70	50	40	35	25	20

缓和曲线　直线与圆曲线或大半径圆曲线与小半径圆曲线之间应该设置缓和曲线，一般采用回旋线形。缓和曲线与圆曲线共同组成平曲线，其最小长度规定见表6-4。

圆曲线半径对于表6-5所列数值时可不设缓和曲线，而将直线和圆曲线径向连接。

超高和曲线加宽　当圆曲线半径小于表6-2所列不设超高的最小半径时，应在圆曲线范围内设置超高。最大超高横坡度的规定列于表6-6。

单幅路面与三幅路面的超高可以道路中线为轴旋转设定，双幅路面与四幅路面应保持中心分割带标高不变，分别以其两侧边缘为轴旋转。

在超高段与直线段正常路拱之间应设置超高缓和段进行过渡。超高缓和段的长度Le可由下式计算确定，并以缓和曲线长度和超高缓和段长度计算值中较大者作为缓和曲线的长度。

$$L_e = bi/f$$

式中

b——超高旋转轴至路面边缘的长度(m)；

i——超高横坡度与路拱横坡度的代数差(%)；

f——超高渐变率，即超高旋转轴与路面边缘之间相对升降的比率，其取值如表6-7所示。

圆曲线的半径小于250m时，为了保证曲线内侧车道行驶车辆的安全，需要对其加宽，加宽值可参照表6-8确定。与超高缓和段类似，在加宽后的圆曲线和直线段设计宽度之间也要设置加宽缓和段。加宽缓和段长度应按加宽侧路面边缘宽度渐变率为1：15～1：30处理，且最小长度不得低于10m。

平曲线与缓和曲线的最小长度　　表6-4

计算行车速度（km/h）	80	60	50	40	30	20
平曲线最小长度（m）	140	100	85	70	50	40
缓和曲线最小长度（m）	70	50	40	35	25	20
小转角平曲线最小长度（m）	1000/α	700/α	600/α	500/α	350/α	250/α

不设缓和曲线的最小圆曲线半径　　表6-5

计算行车速度（km/h）	80	60	50	40
最小圆曲线半径（m）	2000	1000	700	500

最大超高横坡度　　表6-6

计算行车速度（km/h）	80	60、50	40、30、20
最大超高横坡度（%）	6	4	2

超高渐变率　　表6-7

计算行车速度（km/h）	80	60	50	40	30	20
超高渐变率	1/150	1/125	1/115	1/100	1/75	1/50

圆曲线每条车道的加宽值（m）　　表6-8

车型＼圆曲线半径(m)	200<R<250	150<R<200	100<R<150	60<R<100	50<R<60	40<R<50	30<R<40	20<R<30	15<R<20
小型汽车	0.28	0.30	0.32	0.35	0.39	0.40	0.45	0.60	0.70
普通汽车	0.40	0.45	0.60	0.70	0.90	1.00	1.30	1.80	2.40
铰接车	0.45	0.55	0.75	0.95	1.25	1.50	1.90	2.80	3.50

超高和曲线加宽对于车辆安全、平顺的行驶具有非常重要的作用，但在城市道路中，由于受到两侧建筑物的线形影响，一般很难采用超高。当圆曲线半径较小、通行车辆较长时，受到道路红线的限制，也很难在曲线部加宽。因此，在进行城市道路平面设计时，必须相当谨慎、合理地处理曲线线形的问题。

(3) 视距与障碍清除

视距指驾驶人员在道路上行驶时对于前方的通视距离，一般以道路车线中心测定计算。视距可分为最小必要视距和可能视距两种，可能视距指道路在某种条件下可能得到的前方通视距离，在道路设计中所说的最小必要视距则简称为视距，指道路设计时为了保证车辆在计算行车速度条件下安全行驶所必需的最小通视距离。视距可分为停车视距与会车视距两种。在道路纵平面设计中，一般对视距作如下一些规定：

1) 道路纵断面、平面上的停车视距应大于或等于表6-9中规定值。寒冷积雪地区应计算或依经验确定。

2) 车行道上对向行驶的车辆有会车的可能时，可按表6-9中规定距离的2倍确定会车视距。

停　车　视　距　　表6-9

计算行车速度（km/h）	80	60	50	45	40	35	30	25	20	15	10
停车视距（m）	110	70	60	45	40	35	30	25	20	15	10

3) 对于凸形竖曲线和立交桥下凹曲线等可能影响行车视距、危及行车安全处，需按有关规定验算行车视距。验算时障碍物高采用0.1m，对于凹形竖曲线，目高采用1.9m，对于凸形竖曲线目高采用1.2m。

4) 平曲线内侧的边坡、建筑物、树木、线杆、牌匾等设施均不应该妨碍视线，已有设施妨碍视线时必须予以清除。设计时可参照城市道路设计规范的有关章节计算横净距包络线。包络线与道路边缘之间不得设置妨碍视线的建筑物与其他设施。

5) 道路与道路平面交叉时，应保证交叉口视距三角形内不设置妨碍视线的设施，已有设施必须清除。

2．道路交叉

城市道路线形主要由直线和曲线组成，这样的多条道路蛛网密布，构成了作为城市骨架的道路网。两条道路相交成为道路的结点(Nodes)，称为交叉口。一般使用平面交叉或立体交叉方式处理道路的交叉，以沟通、联系不同方向之间的道路。

城市道路最大的特点就是交叉口多。无论是规划阶段还是设计阶段，都应注意控制交叉口的间距。对于车速高、车流大的道路，交叉口间距不宜太近，以防过密设置交叉口干扰主要交通方向道路上车辆行驶的平顺性和安全性。

交叉口是城市道路交通的咽喉，利用相交道路的车辆与行人都要在交叉口处汇集、通过，容易造成各向行驶车辆之间、行人和车辆之间、机动车和非机动车之间的干扰，不但可能阻滞交通，而且容易发生交通事故。采用各种手段合理组织交叉口交通分流，对于城市道路设计是十分重要的。

(1) 平面交叉

平面交叉是道路交叉口的常用形式。除高速公路与各级城市道路交叉、主干道与主干道交叉外，多数道路交叉采用平面交叉的形式来组织交通。平面交叉设计的主要内容包括：

1) 正确选择交叉口形式，确定各组成部分的几何尺寸。如车行道宽度、缘石转弯半径、绿带、交通岛等。

2）合理布置交通设施，包括交通信号标志、人行横道线、照明、公共交通停靠站等。

3）交叉口的立面设计在城市道路设计中占有十分重要的位置，设计理论也比较复杂。此处仅介绍与铺装景观有关的技术内容，其他详细设计方法请读者参考有关的专门著作。

● 平面交叉的基本形式

主要根据道路网规划、交叉口用地及周围建筑布局、通过交通量、交通性质和交通组织选择平面交叉口的形式。常见的交叉口形式包括：十字形、X字形、T字形、Y字形、错位交叉、五条以上道路交叉时的复合交叉等。

十字交叉形式简单，便于组织交通，交角处的建筑容易处理，适用于相同等级道路或不同等级道路的交叉，应用最为普遍。X字形交叉中交角较小时容易形成狭长的喇叭口，特别不利于左转车辆行驶，也不便于在锐角街口布置建筑，仅在不得已时才可使用。

T字形交叉、Y字形交叉和错位交叉主要用于主要道路与一般道路的交叉。主要道路应设置在直顺方向，无特殊理由不应将主要道路设计成为错位交叉中的曲折形状。主要道路与主要道路交叉时应尽量采用T字形交叉。

复合交叉是多条道路汇集的中心，用地大、交通组织也不甚方便，采用时必须慎重考虑技术上的利弊得失选择采用。

● 交叉口的交通组织设计

主要目的是保证相交道路上车流与行人的交通安全，提高其通行能力。其具体内容包括：

1）渠化交通　即根据交通组成与流向将人车分流，各向车辆分道行驶，互不干扰。通常采用路面划线、路面标志、用绿带或交通岛分隔车道等方式实现。采用不同色彩的铺面材料也可以实现这一目的。采用交通岛时，应使用缘石或其他硬质材料围砌，人行横道处缘石高差应降为零。对于人行横道及停车的位置的规定可参照前面交叉口部分的说明。

2）进口道　根据交通量、流向，必要时应增设交叉口进口道的车道。其宽度通常为3.5m。当仅允许小汽车通过时可为3.0m。

交叉口　设右转进口道专用车道时，应在右侧横向相交道路的出口道上设置2.5m宽加速车道。加速车道长度应以不受相邻车道候车长度影响为宜。

3）交叉口拓宽　高峰小时一个信号周期进入交叉口的左转车辆多于3辆（小交叉口）或4辆（大交叉口）时，应增设左转专用车道。同样，右转车辆多于4辆时应设右转专用车道。当需要计算交叉口的交通通行能力时，交叉口内计算行车速度应按相应道路计算行车速度的0.5～0.7倍折减，直行车辆取大值，转弯车辆取小值。

4）交叉口竖向设计　交叉口竖向设计应综合考虑行车舒适、排水通畅、工程量大小与美观等因素，合理确定交叉口标高。并应注意：两条道路相交时主要道路纵坡坡度不变，次要道路纵坡坡度服从主要道路；交叉口设计标高应与周围建筑物地坪标高协调。

5）交叉口转角缘石半径　交叉口转角处的缘石应做成圆曲线或复曲线。三幅路、四幅路的交叉口缘石转弯最小半径应能满足非机动车行车要求；单幅路、双幅路的交叉口缘石转弯最小半径要求见表6-10。

交叉口缘石转弯最小半径　　表6-10

右转弯计算行车速度（km/h）	30	25	20	15
交叉口缘石转弯半径（m）	33～38	20～25	10～15	5～10

(2) 环形交叉

环形交叉也称环岛或环形岛，主要用于多条道路交会或者转弯车辆较多的交叉口。进入环形交叉口的相邻道路中线间夹角最好大致相等。

环形交叉口通常由中心岛和环形道路组成。中心岛的形状根据交通流特性采用圆形、椭圆形或卵形，其几何尺寸必须满足不同流向车流的最小交织长度及环道的计算行车速度要求。在《城市道路设计规范》中规定了不同计算行车速度时中心岛最小设计半径，如计算行车速度为35km/h时的最小设计半径为50m，30km/h时为35m，25km/h时为25m，20km/h时为20m等。但中心岛半径不宜过大，我国早期修建的环形交叉中心岛半径有达200～300m的，不仅占用土地过多，而且使用效果也不十分理想。

环道的车行道可根据交通流的特点采用机动车

道与非机动车道混流或分流方式，分流时可采用分割带、分割物、标线或不同铺装处理，使用分割带时其宽度不应小于1.0m。

环道上机动车道一般采用三车道，车道宽度应包括弯道加宽。非机动车道宽度不应小于交会道路中最大的非机动车道宽度，但也不宜过宽，最好不超过8m。

中心岛上不应设置人行道，一般情况下也不宜将其布置成集散广场或休息广场，以防行人直穿环形交叉阻碍交通。环道外侧人行道宽度不宜小于交会道路中人行道的最大宽度。

3．道路纵断面设计

城市道路纵断面设计是城市道路设计的主要内容，对于道路交通的使用功能及工程量与造价影响极大，但对于铺装的景观设计的影响不如横断面设计与平面设计来得重要。因此，这里仅概要介绍其设计原则与主要设计内容。

城市道路纵断面的设计原则可概括如下：

1）纵断面设计需要参照城市规划的控制标高，协调处理临街建筑立面布置，充分考虑地面排水要求。

2）纵断面上坡度变化应平缓顺畅，不宜频繁起伏，以保证行车舒适安全。

3）城市地面起伏变化较大时，新建道路的纵断面设计应特别考虑填挖数量来平衡土石方工程量，合理确定路面标高。

4）机动车与非机动车混合行驶的道路，应按非机动车的爬坡能力设计道路最大纵坡和坡长。

5）纵断面设计还应综合考虑沿线地形、地下管线工程、地质、水文、气候和排水要求，合理进行设计。

城市道路纵断面设计的主要内容包括：

1）参照城市规划确定道路标高控制点和控制标高。

2）根据填挖土石方数量基本平衡的原则确定纵向坡度，计算填挖高度。特别需要根据机动车和非机动车爬坡能力与汽车运营经济效益要求，控制最大纵坡和坡长不超过规范允许值。在设有超高的平曲线上，应验算超高横坡度与道路纵坡度的合成坡度，合成坡度不得超过规范允许值。

3）各级道路纵坡变更处应设置竖曲线。竖曲线分为凹曲线和凸曲线，一般采用圆曲线。设计规范中根据计算行车速度规定了凸曲线、凹曲线的一般最小半径值、极限最小半径值和竖曲线的最小长度，设计时必须参照执行。

4）平曲线与竖曲线的组合对于城市道路线形景观影响很大，平、纵、横设计需要协调一致，并应注意检验各种组合条件下的视距，避免各种因素的不利组合。

第二节　以人为本的原则

以人为本的思想来源于欧洲文艺复兴时期的人本主义思潮。人本主义是中世纪欧洲以意大利为中心的文艺复兴时期的主要美学思想，也称人文主义。主张思想自由和人性解放，肯定人是世界的中心，反对中世纪的经院哲学，反对以神为本位，提倡以人为本位，所以称人本主义。人本主义强调以人为主，突出人性化原则，将人类意识、人类能动性、人类知觉及人类创造性放在中心和主动的地位。

今天，对人本主义思想的追求已经成为社会的发展趋势，一种"以人为本"的城市化理念成为城市化进程中的重要指导原则。《雅典宪章》中明确指出："对于从事城市设计的工作者，人的需要和以人为出发点的价值衡量是一切建设工作成功的关键。"也就是说，城市规划设计的重点不是首先考虑发展建设那些与人关系不大的项目，而是要遵循以人为本的原则，以人的需要作为出发点和终极目标，处处为方便市民考虑，使城市更多地体现人性的特点，更富于人性的关怀，让市民成为城市的真正主人，在城市中自在舒适地工作、学习和生活。

当代城市建设中留出空间，开辟花园草地，方便市民活动；植树种草，排除污染，让江河湖泊变清，空气变净，让市民更加健康；投巨资进行道路建设，让道路畅通，交通无阻，让市民出行更加便利快捷；完善城市功能，提供多方面的优质服务，让市民生活更自在等等，这些都是"以人为本"的理念在城市规划设计中的体现。

值得注意的是，提倡"以人为本"，这个"人"不是抽象的人，也不是少数的人，"人"是指具体的人，是男女老少，不同年龄、职业、种族、宗教、信仰、文化的各种各样的人。他们是构成城市社会的最基本单元，是城市发展的主体，不同的人有不同的价值观，对城市有不同的认识和要求。因此，必须注重对人的心理特征、生活方式和行为活动的研究，以此来指导城市的规划设计，以适应不同年龄、不同阶层、不同职业市民的多样化要求。

具体到城市铺装景观设计中，其目的是创造优美的环境，营造宜人的城市空间。而城市空间的服务对象是空间的使用者——人，因此设计中必须研究城市空间中人对环境使用的模式及环境变化对这一模式的影响，了解多数人的行为和心理以及他们对空间的反应与评价，强调人在城市中的主人翁地位。由于人们的习惯、行为、性格、爱好等都对如何选择铺装具有一定的指导作用，因此在城市铺装景观设计中要充分考虑他们的不同要求，反映各种不同的观念，这样才能为广大市民提供最佳的服务。

一个好的铺装景观设计应处处为人着想，体现对人的关怀，满足使用者的需求。在现代城市空间，建筑规模和尺度日趋庞大的情况下，大规模空间应当变化得更加亲切，以满足人的要求。铺装尺度应符合人的比例尺度，让空间亲切宜人，没有人的尺度，空间就会变得冷漠，不尽人意。铺装景观应充分利用地形，结合绿化、水体、各类小品等，在城市中创造出自然环境美，增加空间的场所感，给人以亲切自然的倾向，这样才能够吸引人，给人留下美好的印象，才能真正体现铺装景观的环境艺术功能——为人营造舒适优美的空间环境(图6-1、图6-2、图6-3、图6-4)。

图 6–1

图 6–2

图 6–3

图 6–4

第三节　尊重、继承和保护历史的原则

城市是人类社会发展的产物，也是一种历史文化现象，每个时代都在城市的发展历史上留下了自己的痕迹和烙印。城市中的历史街区、传统的建筑群往往会给人们留下深刻的印象，也为城市建立独特的个性奠定了基础。原因在于，这些具有历史意义的场所凝聚着城市的悠久历史和灿烂文化，蕴藏着独具一格的传统风貌和民族地方特色，会带给人们强烈的震撼力和感召力，增强人们的爱国热情和民族自豪感，容易引起人们的共鸣，产生文化认同感，能够唤起人们对过去的回忆和联想。

经历过现代建筑运动洗礼的欧美国家在今天的城市建设中是十分重视尊重、继承和保护历史的。由于城市历史文化保护运动的影响，表现城市的文脉关系已成为一种时尚，并反映到现代城市空间环境的设计中，运用历史建筑符号来表现城市历史延续的隐喻手法成了时髦的设计技巧。在城市的铺装景观设计中，即使已经开发研制了大量铺装景观材料，但在新建的步行街和广场中还是多采用传统的石质铺装，目的是与两旁或周围的建筑在环境气氛上显得协调一致，让街道与古老的城市融为一体，向世人展示一幅完美的历史画卷(图6-5、图6-6)。这种手法也传入了日本，但与欧洲铺装整齐划一的自然风格不同的是，日本街路的铺装更加强调“景”，因此在自然风格的石质铺装中还使用了一些模式和图案。石质铺装流露着历史文化的特征，引起人们的思考和联想，而精心设计的模式和图案则展现了现代风貌，给人们留下深刻的印象(图6-7)。这种设计思想与著名美籍华裔建筑师贝聿铭先生在建筑设计中的追求“我注意的是如何用现代的建筑材料来表达传统，并使传统的东西赋有时代意义”是一致的。

与欧美国家相比，我国有着几千年的悠久历史，文化博大而精深，源远而流长，在人类的进步和发展历程中具有极其重要和深远的影响。但是改

图 6–5

图 6–6

革开放以后，随着我国城市建设速度的加快，在与国际接轨的呼声下反映西方文化的欧式建筑一度成为时尚，我国数千年的文化积淀却被忽略，一些传统的建筑群遭到破坏，高架路、立交桥叠三架四，现代化交通工具无情入侵，使一些历史街区的传统风貌荡然无存。以至于来到上海的外国人一面赞叹城市的惊人变化，一面感叹有历史文化的建筑都拆除了，有历史文化的环境都改变了，遗憾无缘再见东方巴黎的神韵。近年来，随着人们生活水平的提高，人们对精神、文化方面的追求越来越高，也越来越意识到所谓城市现代化，应当是指城市设施的高性能、环境的高质量、工作的高效率、生活的高品位以及深厚的历史文化内涵。优秀的历史文化遗产是城市现代化的必要内容，也是构成城市特色的基础和重要组成部分。

我国城市铺装景观设计植根于神州大地这块蕴含深厚历史文化的土地上，尊重、继承和保护历史是设计中必须遵循的一项重要原则。尤其是历史文化名城和城市中历史街区的铺装景观设计必须认真推敲和控制，以保持整体风格的和谐(图6-8、图6-9、图6-10、图6-11)。当然，只是将传统的东西照抄和翻版是不能获得令现代人满意的铺装景观的，设计者应该认真研究城市的发展史，做大量的调查、研究和分析工作，对城市的历史演变、文化传统、居民心理、行为特征以及价值取向等做出分析，精心选用铺装材料、尺度、色彩、构形等，并合理运用图画、符号、文字、标题等现代手法在铺装设计中融入时代风貌，使人们尽享传统文化的同时，又感受到现代都市生活的气息，这样才是我们想要的可以在未来成为历史文化遗产的铺装景观。

图 6–7

图 6–8

图 6–10

图 6–9

图 6–11

第四节　可持续发展的原则

可持续发展战略的思想最早源于环境保护。1980年3月，联合国向全世界发出“必须研究自然的、社会的、生态的、经济的以及利用自然资源过程中的基本关系，确保全球的可持续发展”的呼吁。1987年，以挪威首相布伦特兰夫人为主席的世界环境与发展委员会（WECD）在题为《我们共同的未来》报告中将可持续发展定义为：“既能满足当代人的需要，又不对后代人满足其自身需要的能力构成危害的发展”。1992年6月，联合国环境与发展大会通过了《里约环境与发展宣言》和《21世纪议程》，明确提出促进环境保护与经济社会发展的总体战略——可持续发展战略，标志着人类自觉而全面地对待环境与发展问题的时代真正到来。目前，“可持续发展”一词已风靡全球，成为世界各国政府和公众关注的热点以及各行各业专家学者研讨的焦点，这一战略已经渗透到政治、经济、社会、文化等各个领域，被越来越多的国家所接受。

1992年8月，我国提出了环境与发展十大对策，这是我国实行可持续发展战略的第一个专门性文件，也是指导以后我国可持续发展战略行动的纲领性文件。为深入贯彻环境与发展十大对策，加快我国可持续发展战略进程，我国又汇集了300多位专家研究可持续发展计划的拟定，于1994年编制出了《中国21世纪议程——中国21世纪人口、环境与发展白皮书》，它正视我国长期发展过程中所存在的重大制约因素和潜在的危机，把经济、社会、资源、环境视为密不可分的整体，成为我国国民经济和社会发展中的长期计划的指导性文件。

由于人们对可持续发展的理解角度不同，对达到可持续发展的途径看法不同，目前关于可持续发展的定义多种多样。但基本共识是：强调发展是满足人的需要，以提高人的生活质量为最高目标，关注经济的、社会的、资源的、环境的等所有影响发展的因素，并认识到这些因素虽有自己独立的一面，但在很多时候却互为因果，只片面发展某一部分都不可能是可持续的。因此，可持续发展战略的核心就是让经济发展与保护资源、保护生态环境协调一致，使我们的子孙后代能够享有充分的资源和良好的自然环境。

可持续发展战略是我国现代化建设的重大战略，而城市铺装景观建设与经济、社会、资源、生态环境等都是密不可分的，因此以可持续发展作为设计原则是其发展的生命法则。在铺装景观设计中要保证做到：第一，考虑各类人群的不同需要，营造优雅宜人的城市空间，满足可持续发展“以提高人的生活质量为最高目标”的要求（图6-12）；第二，铺装设计与绿化、水景、小品结合，努力恢复和创造城市中的生态环境，崇尚自然、追求自然，力求人与自然高度融合，满足可持续发展“保护生态环境”的要求（图6-13）；第三，以不损害、不掠夺后代的发展为前提，合理利用资源，研制开发耐久性好、装饰性能强且施工方便的新型材料，创造出经久耐用、赏心悦目的铺装景观，满足可持续发展“让子孙后代享有充分资源和良好环境”的要求（图6-14）。只有这样，铺装景观才能在城市发展的历史长河中留下绚丽的一笔。

图6—12

图 6–13

图 6–14

第五节　协调性原则

铺装景观设计不是一个简单的平面设计，它是一个在立体的城市环境中研究平面构成的问题。因此，在设计中必须考虑铺装景观与周围环境的协调性。

对于城市街路空间的铺装景观设计主要是与建筑相协调。街路空间的边界在城市中主要部分是建筑，建筑学家对建筑与街路之间的重要关系早有阐述。B·鲁道夫斯基所著的《人的街道》中讲："街道正是由于沿着它有建筑物才称其街道，摩天大楼加空地不可能是城市"。日本著名建筑家芦原义信在《街道构成》中讲："街道，按意大利人的构思两旁必须排满建筑形成封闭空间，就像一口牙齿一样由于连续性和韵律而形成美丽的街道"。建筑是构成城市街路空间景观的主要元素，在很大程度上决定了铺装景观的形式。城市中的建筑千姿百态、风格各异，或浪漫，或传统，或现代，或古典，或庄严肃穆，或富丽堂皇，根据其性质不同主要可分为以下几类：

主体建筑　城市中具有下列特点者，称为主体建筑：具有权威性，或表现经济能力，或具有较高艺术价值，或突出其高大雄伟，总之，在人们的心中具有一定地位，在城市总体构图中占有重要位置。这些主体建筑，最能反映城市的文化、艺术水平，它们可能是保护性的历史主体建筑或突出的近期建成的主体建筑，也可能是设计新建的主体建筑。

纪念性建筑　它使人仰慕，受人崇敬，常被作为一种艺术品来进行设计和建造。纪念碑、纪念柱、中心雕塑物，虽然它的体量不大，把它建在城市的中心广场中，或城市的山丘制高点上，可形成主要景点之一。

宗教建筑　在世界很多城市及我国的一些城市中多以主体建筑的形式出现，有的则成为城市的标志性建筑。它是某些人的信仰中心，常是人们的公共活动地——庙会。也是人民的一种艺术创作物。教堂的美丽的轮廓线，高耸的尖顶；寺庙门前的参天大树；具有优美曲线的大殿、钟鼓楼和层层叠叠插入云霄的佛塔等都会吸引人们驻足观赏。

特殊形式的构筑物　电视电信微波技术的发展和普及，使城市中出现了电视塔、接收塔，这些电视塔、接收塔有的形状比较简单，有的则相当壮观，它们都成为该城市的主景之一。

标志性建筑　一栋建筑，或因其特殊的历史地位，或因其突出的地理位置或由于其独特的造型艺术特点等给人们留下深刻的印象，在人们的心目中，这个建筑就成为该城市的代表性建筑，这种建筑可以称之为标志性建筑。而随着城市的发展和人们审美观点的改变，新的标志性建筑会不断出现。

历史性建筑　城市是逐渐发展起来的，即使是新建的城市，也在开始谱写它的历史。城市的历史建筑如宫殿、府邸、民居、庙宇、西洋风格的建筑、中西合璧式及民族形式的砖混建筑等是城市的文化遗产，具有社会、经济、历史、考古、艺术等价值。它能唤起人们对城市历史的回忆和对历史文化传统的自豪感与民族自尊心。

不同类型的建筑往往要求不同性格的铺装景观，例如，纪念性建筑要求地面铺装庄重、肃穆(图6-15)，历史性建筑要求地面铺装具有传统风格，古朴、自然(图6-16)，而新建的标志性建筑则要求反映现代风格的明快、高雅的铺装景观(图6-17)。在街路空间的铺装景观设计中，应该充分考虑周围建筑的特点与风格，铺装色彩、质感应选择与建筑相同的基调，在构形、尺度设计上应与建筑相协调，以体现空间的整体性。

图6—15

图 6–16

图 6–18

图 6–17

此外，街路空间的铺装景观设计协调性原则还包括与绿化、水景、各类小品，如雕塑、装饰照明、座椅、饮水器、电话亭、广告亭、计时器、垃圾箱等在总体风格上的协调，以形成和谐统一的街路空间景观环境(图6-18)。

对于风景园林区的铺装景观设计则需要强调与周围自然环境的协调，应尽量选用天然材料营造带有自然气息的生态环境，同时小品的设计也应突出生态效果(图6-19)。

图 6–19

第六节　满足视觉特性的原则

现代街路景观是一种动态的系统，而街路环境美学是一种动态的视觉艺术，动是它的特点，也正是它的魅力所在。城市中常见的交通方式主要有三种：一是步行；二是骑自行车；三是乘机动车。交通方式不同，人们对街路景观的视觉感受是不同的。因此，需要对人们的视觉特性从运动角度加以分析和研究，以便在铺装景观设计中能充分考虑到视觉特性所带来的影响，满足人们的不同要求。

步行交通　步行交通是城市交通重要组成部分，近距离的步行交通可占城市居民出行量的30%～40%。调查研究资料表明，步行者的平均步幅为0.6～0.7m，平均速度为3.0～4.5km/h。在自发性和大部分社会性步行活动中，人们总是注视着街路景观，一边慢步前行一边欣赏，当遇到感兴趣的地方就会停留下来观赏，这时人们的视觉感受已经由动态变为静态了。在必要性步行活动中，人们希望尽快到达目的地，总是以较快的速度前行，但也会不时地观赏路上的景观，只是没有那么细心罢了。

自行车交通　自行车作为一种门到门、连续性的个体交通工具，具有很多优点，因此自行车交通是现阶段和今后相当长一个时期内城市居民，特别是中小型城市居民的主要交通方式之一。自行车的平均车速为10～15 km/h。骑自行车的人，在思想上一般是比较集中的，目光注意道路前方10～30m的地方。

机动车交通　乘坐机动车时的动态视觉感受，与行人、自行车交通的动态视觉感受是完全不同的。机动车在一定速度下行驶，驾驶人员和乘客与道路环境中的物体做相对运动，可从快速移动的车辆窗口看城市街景，并且在移动的过程中得到迅速形成的街景印象。当车速较低时，人们可以看清远处景观，而随着车速增加，人们能够清晰辨认物体的距离缩短，辨认物体的能力也随之降低。

在铺装景观设计中，我们要根据街路空间性质选择一种主要路用者的视觉特性作为设计依据。例如，广场、步行街、一些生活性街道主要以步行交通为主，铺装设计应该满足步行者的视觉要求。一般来讲，步行者观赏铺装的视点可分为“远景视”和“推进视”，远景视即步行者站在地势较高处俯瞰街景中的铺装，推进视是指步行者行走在道路、广场上的时候观看脚下的铺装。因此，在铺装设计中不但要注意“远景视”时的整体性，还要研究“推进视”时的细部创意，这往往是最能营造情趣、吸引人们注目的地方(图6-20、图6-21)。在有大量自行车的路段，铺装设计要注意骑车人的视觉特点，不应采用过于复杂的色彩和图案，以免分散骑车人的注意力，发生事故。对于交通干道、快速路主要通行机动交通，铺装设计要充分考虑到车速对驾驶人员和乘客视觉的影响，应该采用大尺度的设计，且强化边界效果，以便车上的人能够看清楚并留下深刻印象。

总之，铺装景观是街路景观的重要组成部分，现代街路景观动态视觉艺术的特点要求现代铺装景观设计也必须遵循满足视觉特性的原则，这是形成具有强烈吸引力的当代风格铺装景观的基础。

图 6—20

图 6—21

第七节　个　性　原　则

我国是一个幅员辽阔和民族众多的国家，设市城市约660个。尽管早在20世纪70年代末就有人提出了“城市要发展，特色不能丢”的论点，并成为大家的共识，但是改革开放以后，随着加快建设新型国际大都市的呼声愈来愈高，城市建设形势变得工业化、标准化、机械化，在“新”的要求下，旧的、所谓“落后”的传统建筑被大量拆除；在“快”的要求下，取而代之的大量雷同建筑拔地而起；在“大”的要求下，不断扩展的开发改变了城市的空间布局、山水形态、自然环境；在与国际接轨的影响下，经济竞争、科技竞争成为瞩目焦点，地方文化、历史传统似乎可有可无，以至于在城市千年发展史中形成的个性特色被逐渐淡化、减弱甚至淹没，造成我国目前除了少数城市外，大多数城市都似曾相识、没有独特风貌的尴尬局面。

有人说没有个性就是没有文化的表现。事实上，个性的沦丧反映了对历史文化、民族传统、地方习俗的无知和漠视，这对一个五千年的文明古国来讲是一种不幸，对素来以悠久历史、渊源文化而自豪的国人来讲，不能不说是一种嘲讽。21世纪的城市，不光是经济和科技的竞争，更重要的是环境和文化的竞争。那些独具个性特色的城市更能吸引投资，发展旅游，谋求发展。而在生活方式日趋多元化的今天，人们迫切要求提高自己所居住环境的艺术质量，并逐渐对其文化特色、所反映的精神功能提出更高的要求，人们不再仅仅满足环境艺术的美观与整洁，而是寻求更多的艺术美与独具的特色魅力。因此，研究探讨城市发展的优势条件和城市个性特色，已成为我国城市规划建设和城市发展中亟待解决的问题。

创造具有个性特色的铺装景观来展现城市迷人魅力是个非常好的办法。我们可以通过精心选择铺装材料的色彩与质感，采用独具匠心的创意，利用新技术、新工艺、新的艺术手法，来营造极富个性魅力的特色空间，更好地反应城市特有的历史文化传统和风采神态，表现出城市的气质和性格，体现出市民的文明、礼貌和昂扬的进取精神(图6-22、图6-23、图6-24)。在这方面，日本的一些成功经验，如采用传统的石质铺装材料、传统的花纹图案、特产水果和花卉颜色等地域特色浓郁的色彩，引入传统工艺品的设计内容，将地域特色要素(包括历史事项、祭礼、以当地为场景的歌词意境内容、特色建筑、自然景观和动植物等)以绘画的形式表现在单体铺装的彩绘砖、浮雕上面的做法等都是非常值得我们学习和借鉴的(图6-25、图6-26、图6-27)。

图 6–22

图 6–23

图 6–24

图 6–25

图 6–26

图 6-27

第七章 铺装景观的设计要素

城市铺装景观设计必然要具备满足人们一定的使用功能需求和精神方面的需求，所以铺装景观自然地具有了实用和艺术美的双重属性。而其本身作为一种景观，对它的精神性与艺术美的要求就更加突出。在这一章中，我们将对铺装景观的设计要素：色彩、质感、构形、尺度、高差以及边界的性格特点、视觉规律以及对人的心理作用等进行系统研究，以便设计者在遵循设计原则的前提下，合理运用各种设计要素进行精心设计，更好地实现铺装景观的各项功能，尤其是恰到好处地体现其精神性与艺术美，满足人们对空间环境美的深层次要求。

第一节 色 彩

医学界的长期研究表明，色彩对人的神经系统有很强的刺激作用，对人的性格、情绪和心理都会有影响，甚至可以改善人的健康状况。色彩就是生命，有了色彩，世界才变得精彩。在城市环境设计领域中，色彩是最易创造气氛和情感的活跃因素，良好的色彩处理会给人们带来无限的欢快与愉悦。在阿拉伯国家总是喜欢将建筑的顶端涂成蓝色或绿色，可以说这是色彩理论应用的成功范例，因为蓝色和绿色代表生命之色，象征着海洋和森林，它满足了沙漠地区的人们对海洋和森林的渴望，填补了他们生活中的空白。

在铺装景观设计中，色彩毫无疑问是最重要的设计要素。合理利用色彩对人的心理效应，如色彩的感觉、色彩的表情、色彩的联想与象征等，我们可以设计出别具一格的铺装景观装扮素来以灰暗示人的地面，让它充满生机和情趣，与蓝天白云、青山绿水、靓丽楼宇、多彩花园一起营造优美的城市空间，让人们的生活多色彩，更多精彩。

一、色彩的感觉

色彩给人的感觉有大小感、进退感、轻重感、冷暖感、软硬感、兴奋沉静感和华丽朴素感等。

一般来讲，色的明度高者，视之似大；明度低者，视之似小。

红、橙、黄暖色系的色是前进色，有向前凸出感；蓝绿冷色系的色是后退色，有凹进感。另外，明度高者，视之似进；明度低者，视之似退。在交通标志和信号灯的设计上，常常要利用这种效应来提高交通标志和信号系统的辩识力。

生活中，我们凭借视觉经验，认为白色的棉花是轻的，而黑色的煤、铁是重的，这样就形成了对色彩轻重之感的认识，这种感觉实际上是物体色与视觉经验所形成的重量感作用于人的心理结果，一般来说，明度高者感轻，明度低者感重。

红色系统使人感暖，蓝色系统使人感冷。无彩色中，白色使人感冷，黑色使人感暖。所以，人们夏天总是喜欢穿白色、浅色衣服；冬天穿深黑色衣服，这不仅是热工问题，也是心理效应。

色彩的软、硬感与色彩的明度、纯度相关。明度高，纯度低的色彩使人感到柔软，明度低，纯度高的色彩使人感到坚硬。

兴奋、沉静也可称为积极与消极。由于红、橙、黄纯色能给人以兴奋感，故称为兴奋色；而蓝、绿色给人以沉静感，故称为沉静色。

对于华丽朴素感，从纯度方面讲，纯度高的色彩给人的感觉华丽，纯度低的色彩给人的感觉朴素；从色相方面讲，暖色给人的感觉华丽，冷色给人的感觉朴素；从明度方面讲，明度高的色彩给人的感觉华丽，而明度低的色彩给人的感觉朴素。

通过以上对色彩感觉的了解，我们可以认识到：在铺装景观的色彩设计中，兴奋色铺装能够营造喧闹、热烈的气氛(图7-1)；沉静色铺装给人优雅、娴静之感(图7-2)；浅色调铺装轻松活泼(图7-3)；深色

图 7-1

图 7-2

图 7-3

调铺装庄严肃穆(图7-4)；寒冷地区铺装可多用红色系，以给人温暖感(图7-5)；炎热地区铺装多用蓝色系，以给人清爽感(图7-6)；运动场地的铺装要选用纯度低的色彩，以给人柔软、舒适、安全的感觉等等(图7-7)。

二、色彩的表情、联想与象征

每一种色都有自己的表情，会对人产生不同的心理作用，联想和象征是色彩心理效应中最为显著的特点，我们可以利用这一特点来实现铺装景观的功能。例如：

红色象征着幸福吉祥，能使人的血液和肌肉循环加强，能引起人的兴奋，饱和的红色有一种力量、热情和冲动之感(图7-8)。同时红色又给人留下恐怖心理，象征着流血和危险。因此在转弯处、分流合流处、人行横道、收费站等特殊场所，采用红色的地面铺装来警示司机和行人，可以获得良好的安全效果。

橙色能使血液循环加快，而且有温度上升的感觉，橙色是色彩中最活泼，最富有光辉的色彩，是暖色系中最温暖的色，它常和太阳相联系，因此在北方寒冷地区，橙色的地面铺装可以使人们在寒冷的冬季感到一丝暖意(图7-9)。

黄色是最明亮的色彩，是使人愉快的色，幸福的色，给人明快、泼辣、希望、光明的感觉，因此黄色的地面铺装最能吸引人们的视线(图7-10)。

绿色是我们视觉中最能适应刺激的一种色，绿色显得平静，使人的精神不易疲劳，如果你的眼睛感到刺激难受时，可以在绿色中去求得恢复，因此在公路上采用绿色的路面铺装最合适。黄绿色具有一种冷色的端庄的色彩，平静而又凉爽，显出一种青春的力量，生机勃勃，蒸蒸日上，因此城市中黄绿色的地面铺装会给人一种自然的清新感，使人联想到春、竹、嫩草等，对市民环境心理上有一种宁静和园林感的影响。在一些宽阔的草地广场不多的城市中，绿色和黄绿色的地面铺装会起到意想不到的另一种绿化效果(图7-11、图7-12)。

蓝色与红、橙、黄一类积极性的色彩形成鲜明对比，它是消极的、收缩的、内在的色彩(图7-13)。蓝色让人感到雅致而冷静，与红、橙暖色在一起，又为此类色彩提供了深远的空间效果。深蓝色

图 7—4

图 7—5

图 7—6

图 7—7

图 7–8

图 7–9

图 7–10

图 7–11

图 7—12

如同天空、海洋，有着遥远而神秘的感觉。因此岸线道路采用蓝色的地面铺装，可以与环境协调配合，浑然一体。

白色具有光明的性格，又能将其他色引为明亮，白色的性格内在，让人感到快乐、纯洁，而毫不外露，白色一旦大面积使用，会造成一种眩晕感，给人的心理上带来一种强烈的冲击(图7-14)。黑色在视觉上是一种消极的色彩，黑色给人稳定、深沉、严肃、坚实的感觉(图7-15)。我们认为大面积的白色水泥路面和黑色沥青路面单调乏味，为了创造优美的城市空间环境，进行景观铺装，使道路彩化，更具吸引力。但这并不意味着铺装景观的色彩设计排除白色与黑色，其实白色和黑色与其他色彩合理搭配会产生极富魅力的设计效果(图7-16)。

图 7—13

灰色是白与黑的混合色，由于灰色明度适中，因此它属于能使人的视觉得到平衡的色，在宗教广场、纪念广场、陵墓广场的铺装设计中，由于灰色刺激性不大，所以灰色的路面铺装表现性和注目性相对较差，可以有效突出主体建筑的效果，强调广场设计的主题(图7-17)。

此外色彩之间的搭配也是非常重要的，不同的色彩搭配会产生不同的效果。例如，黄白搭配欢快、明亮，红黑搭配稳重、深沉，蓝绿搭配雅致、宁静等。总而言之，色彩是一门复杂的艺术，因此在铺装景观设计中，必须深入了解色彩的个性、表情、视觉规律以及对人的心理作用等，注意色彩之间的搭配，根据铺装的性质、功能，所处的气候条件、自然环境和周围建筑环境以及建筑材料特点等进行整体设计，才能获得令人赏心悦目的铺装景观作品。

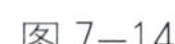

图 7–14

图 7–15

图 7–16

图 7–17

第二节　质　　感

所谓质感，是由于感触到素材的结构而有的材质感。它是景观中的另一活跃因素，不同的质感可以营造不同的气氛，给人以不同的感受。举一个利用质感有效烘托环境气氛的例子：南京大屠杀纪念馆的构思是以“生”与“死”为主题的，在墓地的地面设计中，设计者曾设想过用红土，又设想过用乱石碴的方案，但效果都不理想，最后决定采用铺4cm大小的卵石。结果，鹅卵石地面成为整个墓地的基调，给人一种干枯的、没有生气的感受，强烈的死亡气氛因此得到充分的渲染。而沿边的常青树和石砌小径，卵石铺地和片片青草，则使人感到生气和生命，一种“野火烧不尽”的无限生命力和顽强不屈的斗争精神紧紧地扣住了“生”与“死”的主题。

可见，铺装材料的表面质感具有强烈的心理诱发作用。一般来说，质地细密光滑的材料给人以优美雅致、富丽堂皇之感，但同时也常有冷漠傲然的感觉(图7-18)；质感粗糙、酥松、无光泽的材料给人以粗犷豪放、朴实亲切之感，但同时也常有草率野蛮的感觉(图7-19)。此外，表面光泽、质地细密坚硬的材料给人感觉重(图7-20)，而表面质感较软柔的材料则给人感觉轻(图7-21)。因此在铺装景观设计中，对于商业广场、步行商业街的铺装，为突出其优雅华贵，可采用质地细密光滑的材料，但这些场所人流密集，要注意防滑问题；对于休闲娱乐广场、居住区道路的铺装，为突出其亲切宜人，可采用质感粗糙的材料；对于运动场地的铺装，可采用质感柔软的材料，给人舒适安全之感；对于风景园林区道路的铺装，可采用具有自然质感的材料，如天然石材、卵石、木砌块等，以体现整体环境的和谐统一(图7-22)。

另外，在铺装景观设计中，还应该充分考虑到质感与距离的关系。要充分了解从什么距离如何可以看清材料，才能选择适于各个不同距离的材料，这在提高外部空间质量上是有利的。对于广场和人行道上的人们，可以很清楚地看到铺装材料的材质，我们称之为材料的第一质感(图7-23)。而对于车上的乘客，由于所处距离较远，以至于看不清铺装材料的纹理，为了吸引这些人的注意，满足他们的视觉要求，就要对铺装砌缝以及铺装构图进行精

图 7–18

图 7–19

图 7–20

图 7–21

图 7–22

图 7–23

心设计，这些就形成了材料的第二质感(图7-24)。可见，如何让路用者无论是远景视还是近景视都能获得良好的质感美效果是设计者必须要关注的问题。

由于人们用眼感知不同材料时会产生不同的视觉质感，从而获得不同的视觉美感；而通过触觉感知不同材料的表面时会产生不同的触觉质感，从而获得不同的心理感受，所以在铺装景观设计中，巧妙、灵活的利用质感可以给空间带来丰富的内涵和感染力，同时会对人们产生心理暗示，继而指导人们的行为。可以说，质感是实现铺装景观功能必不可少的要素之一，其设计是铺装景观设计中极其重要的一环。

图 7—24

第三节　构　　形

美是人们追求的理想境界，在铺装景观设计中我们要有理智的寻求美，有意识的体现美，对铺装构形的研究是不容忽视的，在构形的设计中要体现形式美原则，即：统一、对比、比例、韵律、节奏、动感等。

一、构形的基本要素

1．点

点在构形中一般被认为是只具有位置而没有大小的视觉单位，它既没有长度，也没有宽度。点与它所处的空间相比较而存在，其大小超越这个视觉范围，就失去了点的性质，就会形成“面”或“体”了。

点以不同的方式存在或组合能引起人们不同的心理反应。从点的作用看，点是力的中心。当画面中只有一个点时，人们的视线就很容易集中到这个点上。因此，点在画面的空间中，具有涨力作用，在人们心理上，有一种扩张感。当空间中有两个同等大小的点，各自占有其位置时，其涨力作用就表现在连接此两点的视线上，在心理上产生吸引和连接的效果。空间中的三个点在三个方向上平均散开时，其涨力作用就表现为一个三角形。如果画面中的两个点为不同大小时，观察者的注意力首先会集中在优势的一方，然后再向劣势方向转移。点的不同形态和组合，能够形成多种视觉心理的功能作用。序列的点可以使人感知到线，缩小了的物状能够产生不同的形态点，点的大小序列产生不同方向、远近连续的点，点的等距排列形成安定、均衡的点，还有富有韵律的点，形成节奏的点，充满动感的自由的点，向外扩张与向内积聚的点等。

在人行道的铺装构形中，常采用序列的点给人以方向感（图7-25、图7-26），在园路的铺装处理中，点的排列打破了路面的单调感，充满动感与情趣（图7-27、图7-28）。

2．线

在几何学定义里，线只具有单位、长度而不具有宽度和厚度，它是点进行移动的轨迹，并且是一切面与面的边缘的交界。线与点一样广泛存在于自然形态之中，到处被人感知、被人应用。线的种类可分为直线和曲线，一般来讲，直线具有静的心理特征，而曲线则表示动感。线在刻画形象和设计中发挥着重要作用。

线比点更具有较强的感情性格。直线的性格挺直、单纯，是男性的象征。表现出了简单、明了、直率的特点，具有一种力量上的美感。其中：粗直线坚强、有力、厚重和粗壮（图7-29），而细直线却显得轻松、秀气和敏锐（图7-30）。折线具有节奏、动感、活泼、焦虑、不安等心理（图7-31、图7-32）。从线的方向来说，不同方向的线，会反映出不同的感情性格，可以根据不同的需要加以灵活运用。水平线能够显示出永久、和平、安全、静止的感觉。垂直线具有庄严、崇敬、庄重、高尚、权威等感情心理的特点。斜线是直线的一种形态，它介于垂直线和水平线之间，相对这两种直线而言，斜线有一种不安全，缺乏重心平衡的感觉，但它有飞跃、向上冲刺或前进的感觉。曲线与直线相比，则会产生丰满、优雅、柔软、欢快、律动、和谐等审美上的特点，它是女性美的象征（图7-33、图7-34）。曲线又可以分为自由曲线和几何曲线。自由曲线是富有变化的一种形式，它主要表现于自然的伸展，并且圆润而有弹性，它追求自然的节奏、韵律性，较几何曲线更富有人情味。几何曲线，由于它的比例性、精确性、规整性和单纯中的和谐性，使其形态更有符合现代感的审美意味，在设计中加以组织，常会取得比较好的效果。

图 7–25

图 7–26

图 7–27

图 7–28

图 7–29

图 7–30

图 7–31

图 7–32

图 7–33

3．面

面，几何学中的含义是：线移动的轨迹，或者是点密集所形成的面。

外轮廓线决定面的外形，可分为几何直线形、几何曲线形、自由曲线形、偶然形。

几何直线形具有简洁、明了、安定、信赖、井然有序之感，如四边形、三角形等(图7-35)。几何曲线形，它比直线更具柔性、理性、秩序感，具有明了、自由、易理解、高贵之感(图7-36)，自由曲线形，它是不具有几何秩序曲线形，因此它较几何曲线形更加自由、富有个性，它是女性的代表，在心里上可产生优雅、柔软之感(图7-37)。偶然形一般是设计者采用特殊技法所产生的面，和前几种相比较更自然、更加生动，富有人情味。不同曲线形的面组合形成的铺装将极具现代感，使人感到空间的流动与跳跃(图7-38、图7-39)。但这需要设计者必须具有高度的创意设计能力，否则就会出现影响视觉进而扰乱步行节奏等问题，很不容易成功。

图 7–34

图 7–35

图 7–36

图 7–37

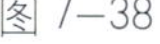

图 7–38

图 7–39

二、构形的基本形式

1．重复形式

构形中的同一要素连续、反复有规律的排列谓之重复，它的特征就是形象的连接。重复构形能产生形象的秩序化，整齐化，画面统一，富有节奏美感。同时，由于重复的构形使形象反复出现，具有加强对此形象的记忆作用。例如，形状、大小相同的三角形反复出现的图案具有极强的指向作用（图7-40），而形状、大小相同的四边形反复出现的图案会因有条理而给人安定感（图7-41），深浅两种颜色相间的四边形方格图案则给人整齐而有韵律感（图7-42）。

重复构形的一个基本条件是必须有重复的基本形、重复的骨骼。重复的基本形就是构成图形的基本单位。重复骨骼就是构形的骨骼空间划分的形状、大小相等。重复的骨骼为给基本形在方向和位置方面的交换提供了有利条件，从而可以进行多方面的变化。基本形的绝对重复排列即同一基本形按一定的方向连续的并置排列，这是重复构形的最基本表现形式。基本形的正、负交替排列即同一基本形在左、右和上、下位置上，正、负交替变化。基本形的方向、位置变换排列即同一基本形在方向上进行横竖或上下变换位置。重复基本形的单元反复排列即将基本形在方向上，按照一定的秩序形成一个单元反复排列。

2．渐变形式

渐变是基本形或骨骼逐渐地、有规律顺序变动，它能给人以富有节奏、韵律的自然性美感，呈现出一种阶段性的调和秩序。一切构形要素都可以取得渐变的效果。如基本形的大小渐变、方向渐变、形状渐变（图7-43）、色彩渐变（图7-44）等，通过这些渐变产生美的韵味。

大小渐变是基本形以起始点至终点，按前大后

图 7—40

图 7–41

图 7–42

图 7–43

图 7–44

小的空间透视原理编排的渐次由大到小或由小到大的变化，这种变化可以形成空间深远之感。对基本形进行排列方向的渐变，可以加强画面的变化和动态感。在构形中，为了增强人们的欣赏情趣，可以采用一种形象逐渐过渡到另一种形象的手法，这种手法称为形状渐变。只要消除双方的个性，取其共性，造成一个中立的过渡区，取其渐变过程便可得到形状渐变。

3．发射形式

发射是特殊的重复和渐变，其基本形或骨骼线环绕一个共同的中心构成发射状的图形。特点是，由中心向外扩张，由外向中心收缩，所以其具有一种渐变的形式，视觉效果强烈、令人注目，具有强烈的指向作用，具有一定的节奏、韵律等美感(图7-45)。

所有的发射骨骼均由中心和方向构成。发射形式有离心式发射、向心式发射、同心式发射、移心式发射、多心式发射。所谓离心式发射是一种发射点在中心部位，其发射线向外发射的构形形式，它是发射骨骼中应用较多的一种主要形式。在离心式发射构形中，由于发射骨骼线不同，又可分直线发射和曲线发射等不同形式。直线发射使人感到强而有力，曲线发射使人感到柔和而变化多样。所谓向心式发射是与离心式发射相反方向的发射骨骼，其中心点在外部，从周围向中心发射。同心式发射的发射点是从一点开始逐渐扩展的，同心圆或类似方形的渐变扩展所形成的重复形。移心式发射的发射点可以根据图形的需要，按照一定的动态秩序渐次移动位置，形成有规律的变化，这种发射构形能够表现出较强的空间感。多心式发射构形即以数个点进行发射构成，其中有的发射线相互衔接，组成了单纯性的发射构形。这种构形效果具有明显的起伏状，层次感也很强。

发射构形，除了以上的基本形外，还可以多种形式结合应用，采用多种不同的手法交错表现，以此来丰富作品的表现力。发射构成的图形具有很强的视觉效果，形式感强，富有吸引力，令人注目，因此在铺装景观设计中，尤其是广场的铺装设计中常会采用这种形式的构图(图7-46)。

4．整体形式

在铺装景观设计中，尤其是广场的铺装设计，有时还会把整个广场作为一个整体来进行整

图 7—45

图 7—46

图 7—47

体性图案设计(图7-47、图7-48)。在广场中，将铺装设计成一个大的整体图案，将取得较佳的艺术效果，并易于统一广场的各要素和广场空间感的求得，烘托广场的主题，充分体现其个性特点，成为城市中的一处亮丽景观，给人们留下深刻印象。第三章中介绍的罗马市政广场、湛江时代广场的地面铺装都是采用整体性构图设计的优秀作品。

图 7—48

三、构形的基本设计手法

1. 轴线

轴线是我国传统设计思想中最重要的设计手法，是构成对称的要素，从气势恢宏的故宫，到江南幽雅恬静的农家小院，对称的景观随处可见。轴线贯穿于两点之间，围绕着轴线布置的空间和形式可以是规则的，也可以是不规则的。有时候轴线是可见的，给人以明显的方向性和序列感；有时候轴线又是不可见的，它强烈地存在于人们的感觉中，使人能够领会和把握空间，增加了空间的可读性。运用轴线合理组织与安排铺装空间及景观构图，可以达到景观环境设计的井然有序和完整统一(图7-49、7-50)。例如，著名的罗马市政广场改建，米开朗基罗成功地运用轴线建立了广场的空间秩序，并成功地设计了地面铺装，强调轴线与位于地面的椭圆形图案中心的铜像雕塑，将建筑、雕塑、广场、地面铺装在轴线上统一起来，协调地进行组合，构成了卓越的城市空间，给人强烈的空间感染力，成为罗马的心脏与象征。

2. 重心

重心一般泛指人对形态所产生的心理量感上的均衡。重心的位置和形态，通常决定了景观环境的主题。重心可以是平面的中心，也可以偏离中心设置，它通常是人们视线的焦点和心理支撑点。重心在铺装构形设计中同轴线一样得到广泛的应用，尤其是小面积的地面铺装多采用重心的构图设计手法来强调空间环境的主题，加深人们对景观环境的印象(图7-51、图7-52、图7-53、图7-54)。

图 7—49

图 7—50

图 7–51

图 7–52

图 7–53

四、构形的个性化设计

运用隐喻、象征的手法来表现某种文化传统和乡土气息，引发人们视觉的、心理上的联想和回忆，使其产生认同感和亲切感，这是铺装构形设计中创造个性特色常用的手法。最具代表性的作品是美国新奥尔良意大利广场的铺地。而我国近年来设计的广场铺地中也有一些比较成功的例子。如，济南泉城广场位于历史文化名城济南市中心的趵突泉及解放阁之间的环城公园南岸，广场的地面铺装构图独具匠心，象征着涌泉流水的72名泉，强化了广场要体现的“山、泉、湖、城、河”的泉城特色的主题(图7-55)。西安钟鼓楼广场位于西安市中心国家重点文物保护单位钟楼、鼓楼之间，广场的地面设计注重把握历史文脉，绿地和铺装构图采用了方格网的形式，隐喻城市的棋盘路网格局，简洁大方，立意高巧。这个广场成为市民休闲、娱乐的场所和展示钟楼、鼓楼完整形象的舞台，是西安市城市规划、古城保护的杰作(图7-56)。保定市位于河北大学校园旁占地16亩的河大园，其中间是一个“眼睛”形铺装广场，在周围大片绿草中，利用黑白两色花岗

图 7–54

岩铺装构成了“眼睛”造型的广场，最中间用中国红花岗岩镶嵌出中国版图的轮廓，中心设置一个“地球”的不锈钢雕塑，寓意河北大学师生眼界开阔、胸怀祖国、走向世界。这个主题公园为河北大学又增添了现代气息，深受广大师生的欢迎。

在铺装景观的构形设计中还经常运用文字、符号、图案等焦点性创意进行细部设计，以突出空间的个性特色。在日本就经常把彩绘地砖、金属浮雕、石浮雕、石料镶嵌图案、地砖镶嵌图案等嵌入铺装面中，或利用表面涂敷技术在铺装面中形成各种图案。这些带有文字、符号、图案的焦点性铺装部分具有很强的装饰性和趣味性，有的充满地方色彩，有的表现地图内容，有的具有指向、标示作用，也有的等间隔排列做路标使用。它们有效地吸引人们的注目，赋予空间环境文化内涵，增强了环境的可读性与可观赏性，非常有助于树立街区的形象(图7-57、图7-58、图7-59、图7-60)。我国大连森林动物园的落差式音乐广场就运用了十二生肖铺装的焦点性创意。而北京中华世纪坛青铜甬道铺装更是焦点性创意的杰作，青铜甬道始自圣火广场，终至世纪坛坛体，总长262m，宽3m，上面从南向北镌刻了距今300万年前人类出现到公元2000年的时间纪年，总计18万字，记载了科技、文化、教育等领域共7000多条重大事件，甬道上方还覆盖了5mm的涓涓细流，寓意着中华民族的历史源远流长。

图 7—55

图 7—56

图 7—57

图 7—58

图 7—59

图 7—60

第四节　尺　　度

尺度的处理是否得当，是城市景观铺装设计成败的关键因素之一。尺度对人的感情、行为等都有巨大的影响。所谓尺度，是空间或物体的大小与人体大小的相对关系，是设计中的一种度量方法。城市设计所提及的尺度可狭义的定义在人类可感知的范围内的尺度上。一般把这一尺度分为三类：一是人体尺度，是以人为度量单位并注重人的心理反应的尺度，是评价空间的基本标准(图7-61)；二是小尺度，很容易度量和体会，是可容少数人或团体活动的空间，如小公园、小绿地等，给人的体会通常是亲切、舒适、安全等(图7-62)；三是大尺度，是一种纪念性尺度，其尺度远远超出人对它的判断，如纪念性广场、大草坪等，给人的体会通常是雄伟、庄严、高贵等(图7-63)。

图 7-62

图 7-63

图 7-61

在城市发展过程中，空间尺度的变化往往反映了人对城市空间拥有权的变化。在西方，中世纪时期的城市是由不规则的街道和广场体系，密集而自由的建筑组成的。街道系统是应步行和手推车等小型运载工具的要求而产生的，街道宽度和样式不时变化，街景丰富多样；广场其实就是街道空间的放大，多位于市政厅、教堂或其他公共建筑的前面，是城市的核心。整个城市空间，也就是美丽的街道和广场，均以人的尺度为基础，形成一个组织良好的有机系统，极大地支持着丰富的公共生活。尽管对外人来讲这样的城市空间狭窄、蜿蜒，看起来神秘莫测，但对本城居民来讲这样的城市空间却是熟悉、实用的，给他们亲切愉快之感，与气候和地理条件相适应，满足有限的交通，更成为容纳人们日常生活的公共场所。

然而，科技的进步推动社会不断发展变化，城市为了承担新的职能，开放的空间秩序是其发展的一种必然趋势。当然，早期城市最珍贵的品质——人对城市空间的拥有权也随之减弱了。到了20世纪，城市空间已经变成了汽车的天地，不再是人的领域。为了通行逐年增长的交通量，街道空间的尺度越来越大，广场成了停车场，城市中无忧无虑的公共生活不见了，人们都被赶回各自的家里。如果说中世纪的城市空间讲述的是老百姓的故事，那么现代城市空间讲述的则是汽车的故事了(图7-64)。

图 7—64

在我国，城市空间同样经历了由人的尺度到大尺度的变化。原因不仅是现代化交通工具的激增，还因为50～70年代，为满足频繁的游行、集会等活动的要求以及受到当时苏联规划设计思想的影响，我国的广场建设也出现了千篇一律的局面，尺度追求大，气氛追求宏伟，政治色彩浓厚。宏伟的林阴大道和广场虽然让人感觉激动和振奋，但同时对人有排斥的冷漠感，让人感到自我的无力和渺小。所以除了进行政治活动的特殊日子外，平时是很少有人喜欢在这样的空间逗留的。

近20年来，国家的改革开放政策，经济上的快速发展，社会的进步，使人们生活方式和价值观念大大改变，人们对生存和生态环境质量的要求越来越高，已从单纯的物质需求向精神需求的方向发展，而这种精神需求，必然引起对交往环境的需求，对公共生活空间的需求。正因为城市是由于人的聚居才形成的，发展到今天成为人类的主要居住形态，所以关心人、为人服务是城市的最基本任务。这也是“人本主义”成为当今城市规划建设理念的重要原因。恢复人对城市空间的拥有权，再现生机勃勃、丰富多彩的城市公共生活是目前世界各国城市发展建设中的一项重要内容。

了解了城市空间尺度的重要性，我们来具体研究一下铺装景观的尺度问题。对于一项具体的铺装景观设计工程，由于使用功能不同，设计思想不同，周围环境风格各异，其尺度的选择也各不相同。娱乐休闲广场、商业广场、儿童广场、园林、商业步行街、生活性街道等的铺装设计应该严格遵循“以人为本”的设计原则，采用人体尺度或小尺度，给人以亲切感、舒适感，吸引更多的人驻足，进行观赏、娱乐、休憩、交往、购物等活动。当然，“以人为本”的原则并不是否定了大尺度，现代化城市中大尺度和小尺度应该是并存的，这样才符合社会发展的需要。原因在于，第一，现代生活离不开现代化交通工具，城市中需要大尺度的道路空间，只要合理规划出车行空间和人行空间，人和车就可以和平共处，而车说到底还是为人服务的，因此存在大尺度的道路空间并不意味着人对城市空间拥有权的丧失，当然前提是必须保障足够的城市公共生活空间；第二，现代城市仍然存在一些政治色彩比较浓的场所，如市政广场、纪念广场等，采用大尺度的设计可以突出其庄严肃穆、宏伟壮观；第三，现代城市摩天大楼林立，在这些地点采用大尺度的处理手法，可以加强城市空间的开敞性，不会使人产生压迫感，同时突出时代特色。而且城市中的空间尺度，大的更大，小的更小，大小并置，产生鲜明的对比，可以形成独特的魅力空间，更能吸引人们的注意。

此外，铺装尺度的选择还应考虑视觉特性的影响。如果要使快速运动的人看清物体和人，就必须将它们的形象大大夸张。在高速公路两侧，标志和告示牌都必须巨大而醒目才能看清(图7-65)。同样道理，在交通干道、快速路主要通行机动交通，铺装设计要充分考虑到行车速度的影响，以乘客的视觉特点为主，设计中采用大尺度会获得更好的效果，这也更加体现了“以人为本”的设计原则。

图 7—65

第五节　上升与下沉

在铺装景观设计中还要注意对地面高差的处理。因为，人们对所处的地位极为敏感，对不同的标高有不同的反应。任何场所都有一个隐形的基准线，人可以位于这个基准线的表面，也可以高于或低于该基准线。高于这个基准线会产生一种权威与优越感，低于此线则会产生一种亲切与保护感。

在铺装设计中，有效利用地面高差会获得非常好的效果。地面上升和下沉都能起到限定空间的作用，可以从实际上和心理上摆脱外界干扰，给其中活动的人们以安全感和归属感。例如，要从广场的流动空间中分割出一处休息空间，改变铺装的色彩、质感、构形当然可行，但是采用上升与下沉的手法更能使人获得强烈的地段感，同时丰富的空间层次使空间布局更加活泼，充满趣味性，更能吸引人们的注意和逗留(图7-66、图7-67)。

尽管上升和下沉都能起到限定空间的作用，但是给人的感觉却是不同的。一般来说，高处平面使人产生兴奋、高大、超然、开阔、眩晕等感觉(图7-68)，低处平面则使人产生温暖、安全、围合、幽闭、和谐等感觉(图7-69)，上升意味着向上进入某个未知场所(图7-70)，下沉则意味着向下进入某个已知场所(图7-71)。根据人的这种心理效应，我们可以在铺装设计中合理选择是上升还是下沉，以便更好地实现铺装的功能，满足人们对空间环境的不同要求。

图 7—66

图 7–67

图 7–68

图 7–69

图 7–70

图 7–71

第六节　边　　界

边界是指一个空间得以界定、区别于另一空间的视觉形态要素，也可以理解为两个空间之间的形态联结要素。边界的走向与形态由周围环境决定，因为环境千变万化，所以边界形式也是多姿多彩的。边界处理同样是铺装景观设计中不容忽视的问题，构思巧妙的边界形式可为整个铺装增添情趣与魅力特色。

根据所强调的内容不同，总的来说边界可分为两类：确定性边界和模糊性边界。确定性边界是领域划分的有效手段，常利用缘石、隔离桩以及构形、色彩、质感的变化对人进行心理暗示，强化边界效果(图7-72、图7-73)。而模糊性边界可以实现一个环境空间到另一环境空间的自然过渡，空间转换温和顺畅。当铺装与绿化结合时，采用模糊性边界还可弱化人工环境与自然环境的冲突(图7-74、图7-75)。例如，南京汉中门广场的铺地设计中，在回归田园区就采用了模糊性边界，花池与铺地相平、甚至下沉，使市民漫步期间，最大限度地接触草坪，接触绿色，感受自然。而美国达拉斯喷泉广场的步行道也采用了模糊性边界设计，步行道由豆绿色板铺成，部分与水面平齐，步入期间，如同浮在水面，置身于极富创意的自然山水间，浓厚的人工色彩被自然元素所消化。

由此可见，在铺装景观设计中，灵活地进行边界处理是非常必要的，它往往会为整个铺装带来意想不到的效果。如图7-76所示，利用色彩、材质的变化形成模糊性边界，对行人产生心理暗示，划分人行空间；如图7-77所示，圆石礅整齐排列形成确定性边界，庄严肃穆；如图7-78所示，圆木排列形成的边界充满自然情趣；如图7-79所示，绿化带形成的边界加强视线诱导。

图 7–72

图 7–73

图 7—74

图 7—75

图 7—76

图 7—77

图 7–78

图 7—79

第八章 铺装景观材料、结构与施工工艺

第一节 路面表层技术原则与要求

我们在前面有关章节中已经详细讨论了铺装景观技术在城市环境艺术中的重要作用。目前，我国的铺装景观技术还不十分普及，尽管城市建设部门、城市规划设计人员乃至广大城市居民对于美化城市环境、改善居住条件、提高生活质量表现出极大的关注并提出日益增加的要求，除了个别特大城市的重要路段外，铺装的景观化问题还是很少为人了解。

一方面，面对城市交通拥挤的客观现实，增加道路面积、改善道路的通行能力、提高道路的使用寿命仍然是城市市政建设的核心问题。因此，在市政建设资金不足的情况下，是否需要或可能铺筑造价比较高昂的铺装景观，这在人们的认识上还未能得到相对的统一。另一方面，传统的道路铺装材料与工艺完全是从道路路面的功能要求进行设计和应用的，这些常规的材料和成熟的技术远远不能满足铺装景观的技术要求。

由于铺装的景观特性必须服从空间环境的整体特点，铺装在环境设计中通常也仅仅处于衬托或附属地位，因此铺装景观材料在实用功能、装饰功能及其造价等方面必须能够满足多种多样的需要。设计人员首先要掌握路面结构在力学性能、工艺特性和表面功能方面的基本技术要求，才能正确选择乃至设计开发合理适用的铺装景观材料。

在这一节中，我们主要介绍与城市道路路面材料、路面结构力学特性、工艺特点和表面功能要求有关的技术原则和技术要求。铺装的景观设计主要与路面表层的色彩、质感及纹理特点有关，但表面层的使用特性及功能又在很大程度上依赖于路面其他结构层的性能。因此，在这一节中，除了着重介绍路面表层的有关技术问题外，也将适当介绍路面结构的其他组成部分。

限于篇幅，本节介绍的内容主要是有关技术问题的原理概要和主要技术原则、技术要求，更详细的内容请读者参考《城市道路设计规范》(GJJ 37—90)、《沥青路面施工及验收规范》(GBJ 92—86)、《水泥混凝土路面施工及验收规范》(GBJ 97—87)、《市政道路工程质量检验评定标准》(GJJ 1—90)等有关标准与技术规范。

一、路面的基本类型

就一般城市道路而言，路面主要分为沥青路面、水泥混凝土路面两大类型。

现代的沥青路面使用道路石油沥青作为结合料，将碎石或砾石、砂、填料按一定比例和技术要求配制成路面材料，经摊铺、碾压而成。沥青路面刚度较低，具有较大的变形能力，一般称为柔性路面。沥青材料是一种粘弹性材料，具有应力松弛能力，热胀冷缩时产生的温度应力能够随时间增加而逐渐减小并消除。利用这一特点，沥青路面一般不设胀缩缝，而作为长度和宽度方向连续的形式，并被简化成平面几何尺寸无限大的力学图式。

与沥青路面相比，由于材料刚度大，在荷载作用下不容易产生大的变形，水泥混凝土路面一般被称为刚性路面。水泥混凝土是典型的弹性材料，不具备明显的应力松弛能力，温度变化时由于热胀冷缩产生相当大的温度应力。为了防止高温膨胀或低温收缩破坏路面，水泥混凝土路面通常作为有限尺寸的板块形状。

城市道路用地范围内通常需要埋设上下水、供热、燃气、通信、电力等设施的管道或电缆。为了施工、检查、维修作业方便，这些管线一般埋设在人行道下，并在面层使用小几何尺寸的水泥混凝土砌块以便往复填挖时拆装。

水泥混凝土砌块是城市道路铺装景观最常使用的面层类型，其力学特性依赖于自身的几何形状及下卧层的刚度而明显不同，既可能属于刚性路面结构，也可能具有柔性路面的特点。尽管柔性路面和刚性路面的力学特性存在较大的差异，但作为道路面层，它们都必须发挥如下的技术功能：

1) 传递并扩散作用在道路上的荷载，使得铺筑路面后土基顶面的荷载足够小，土基不发生不能容许的永久变形。

2) 路面自身不承受过大的应力或应变，以防止在重复荷载作用下路面材料发生疲劳破坏。同时，路面必须提供满足道路使用要求的各种技术功能。

3) 能够保护路面各结构层和土基不受水浸、冰冻等自然因素的影响，保持路面结构的稳定性和耐久性。

选择路面类型是一个复杂的技术经济问题。一般而言，沥青路面由于具有以下的主要优点，是城市道路中使用最广泛的路面类型。

1) 沥青路面具有柔性，路面无接缝，车辆行驶平稳舒适；

2) 沥青路面造价较低，而且可以分期修建；

3) 无论是面层损坏还是表面功能丧失均易于维修。

作为铺装景观材料时，沥青路面可以形成不同色彩和纹理，工艺简单，造价低廉，性能良好并且耐久，在国外已被广泛使用。

水泥混凝土路面造价高，行车舒适性不如沥青路面，而且损坏后难以维修。但水泥混凝土路面设计寿命长，表面耐磨耐冲击，色质白、色度亮，在特殊路段或特殊位置使用也较普遍。水泥混凝土路面除可以着色外，还可以利用表面腐蚀、研磨等工艺改善表面纹理，在铺装景观工程中也具有相当重要的地位。

砌块式铺装可以说是人行道铺装景观的主要材料。除了易于拆装的特点外，砌块可以工厂化生产，其质量、成本容易控制，花色、品种也能够预先设计，铺装工艺比较简单。

二、路面结构与结构层

为了合理的传递荷载，有效利用材料，提高路面结构对于水、冰冻、温度变化等自然条件与工程环境的稳定性，尽量利用天然或廉价材料修筑道路，降低工程造价，路面结构一般由面层、基层和垫层组成。

面层为直接承受汽车车轮荷载作用力和自然因素影响的结构层，一般由一层或多层组成。例如，沥青面层有时可由上到下进一步细分为磨耗层、上面层、中面层、下面层等。

基层是路面的重要承重部分，和面层一起把荷载传递给土基。同时，基层也应具有一定的抵抗自然因素影响的稳定性。基层也可以由一层或数层组成，如细分为上基层、底基层。

垫层为介于路基与基层之间的结构层，在土基水、温状况不良时，用于改善土基的水、温状况，提高路面水稳定性和冻胀能力，并可以扩散荷载，减小土基变形。

1．基层和基层材料

基层应该符合如下的技术要求：具有足够的强度和稳定性；材料强度均匀一致；底基层应尽量使用符合设计要求的当地材料，如天然砂砾或矿渣、炉渣等工业废料，并应按照路基干湿类型严格控制材料中细颗粒的含量。

我国目前经常使用基层材料大体可分为两大类，即无机结合料整体性基层（习惯称为半刚性基层）和级配粒料基层。无机结合料整体性基层是我国目前使用最多的基层材料，一般以水泥稳定粒料和石灰、粉煤灰（二灰）稳定粒料最为常用。

水泥稳定粒料中水泥用量约为4%～6%，粒料可以使用砂砾或碎石，但必须严格控制粒料中细颗粒的含量。细颗粒含量超过技术规范要求，不仅增加水泥用量，而且容易发生由干缩或温缩引起的基层开裂。当其上的沥青面层较薄、荷载频繁作用时，基层裂缝处应力集中将导致面层开裂破坏，称为面层的反射裂缝。反射裂缝不但对沥青路面使用寿命影响较大，而且严重影响路面的美观，因此必须在技术上引起充分注意。水泥稳定粒料使用水泥作为结合料，它的技术特点是成型快，早期强度高，材料强度和刚度高且均匀，施工时可以集中厂拌，也可以在路上摊铺后进行拌和，工艺简单，容易压实。这类基层用作上基层，不仅在我国应用广泛，世界其他各国也应用比较多。

二灰稳定粒料中的粉煤灰是电力工业废料，在我国，电力工业每年生产大量粉煤灰。二灰稳定粒料用来修筑道路基层是我国道路行业的一大特点，并且应用相当广泛。这类基层中石灰和粉煤灰比例多为1：3，结合料占稳定粒料质量的18%～25%。二灰稳定粒料后期强度较高，工程造价较低，但作为上基层应用时需要注意这样两个问题：二灰稳定粒料强度主要依赖于石灰、粉煤灰结合料，因此早期强度低，除适当设计级配外，应在选取粉煤灰料源时尽量选择细度高、活性强的部分，并注意施工后加强养生；由于二灰稳定粒料中细颗粒的结合料用量质量比已高达18%～25%，考虑到材料间的密度差，其体积百分比更高。为了防止反射裂缝，粒料中应尽量不含细集料。可能时应采用大功率振动压实设备配制骨架密实型级配，效果可能更佳。

其他的整体性基层还有石灰稳定粒料、石灰稳定土、水泥稳定土等。这些材料整体性差，细料含量多，易于开裂，水和冰冻稳定性也不如前述的基层，目前多用于高等级道路的底基层。

级配粒料基层也称非整体性基层。这类基层虽未经结合料粘结，但依靠材料良好的级配和充分的碾压能够形成集料颗粒间的嵌挤，来提供足够的传递荷载作用，一般也称这类基层为柔性基层。

柔性基层的主要类型是级配碎石。级配碎石中不应含有细颗粒，其级配也要严格控制。级配碎石基层不仅力学特性适宜，而且水和冰冻稳定性优良，是许多国家最常用的基层类型。我国为了使这类材料具有整体性，曾发展过泥结碎石、水结碎石等基层类型，但细颗粒用量较多对其水和冰冻稳定性有所影响，现已很少使用。

上述基层类型不仅适用于沥青路面结构，而且适用于水泥混凝土路面结构。过去，传统的观念认为混凝土板的强度、刚度都很大，可以不必要要求整体性较好的基层。近年来大量工程实践表明，当基层设计不好，特别是水和冰冻稳定性不好时，混凝土面层容易产生各种病害。因此，我国目前也倾向于使用整体性好的半刚性材料作为水泥混凝土路面的基层。

砌块铺装主要使用河砂或山砂作为基层，这主要是因为砂基层易于找平，施工简便。但砂基层不可能铺筑过厚、砂基层直接铺筑在土基上，其承载能力和水稳定性、冰冻稳定性较差，国外目前多以砂作为上基层，以级配碎石作为底基层或垫层。对于砂基层的施工工艺要求较高，多使用小型压路机压实。

为了发挥砌块铺装容易拆装的优点，基层多使用非整体性材料。但使用釉面砖、马赛克等高级铺装材料时，为了保证铺装平整且经久耐用，有时也使用较薄的水泥混凝土作为这种面层的基层。

2．垫层和垫层材料

路基可能经常处于潮湿或过于潮湿的路段，以及在季节性冰冻地区可能产生冰冻危害的路段必须设垫层。

垫层材料可大致分为整体性材料和粒料两类。粒料包括天然砂砾、粗砂、炉渣、矿渣等。这类垫层主要利用其粗大空隙隔绝水分，防止路基中的水分向上迁移浸润基层，发生冻害，因此材料组成要严格控制细料的含量。采用粗砂和天然砂砾时，小于0.074mm颗粒含量不得超过5%。

整体性垫层材料多使用石灰土、水泥土或二灰土。

垫层厚度一般要求在15mm以上，当面层厚度和基层厚度确定以后，应主要调整垫层的厚度，使得路面结构满足有关技术规范中关于冰冻地区路面结构最小厚度的要求。

三、对于面层的技术要求

铺装景观面层的功能不同于普通道路面层，既要满足承受荷载、抵抗自然因素影响等方面的要求，又要考虑表面色彩、纹理等美观和景观方面的要求。特别是景观铺装的重点是人行道等以行人为使用主体的城市道路，我们需要从“人”的角度出发考虑问题，心理学、生理学等方面的要求就变得十分重要，我们甚至不得不采用人体工程科学的手段来处理这一问题。特别是铺装景观技术正处在发展阶段，其设计思想和技术手段尚不十分完善，明确景观对于面层的技术要求，并按照这样的技术要求选择材料、进行铺装景观设计，对于发展景观技术是非常重要的。

1．车行道路面

车行道的铺装景观除需要与周围铺装及建筑物的景观特点相协调外，更多的是利用色彩，纹理等要素区划不同功能的车道，强调或提示某些需要充分注意的道路交通特点，如急弯陡坡、单行路线等。对于这类路面，其技术要求与普通道路完全相同。

(1) 强度

这类路面必须具有足够的强度承受重复作用的汽车荷载，因此路面材料要有足够的强度和刚度，面层厚度需要详细设计，使其产生的荷载应力不超过规定的允许值。除大型履带车的履带、大型起重机(车)的液压支脚等特殊荷载可能使得路面在一次或数次荷载作用下发生破坏外，路面的破坏主要是多次车轮荷载重复作用而导致的疲劳破坏。所谓的路面强度一般是指路面抵抗疲劳破坏的能力，无论是沥青路面还是水泥混凝土路面，我国和世界许多国家都采用疲劳设计原则建立路面设计方法。

路面强度不足造成的破坏都是结构性破坏，只有通过加铺或改建才能恢复其使用功能。对于铺装景观来说，这就意味着只有继续使用原来的材料，保持原来的色彩和纹理，才有可能恢复原来铺装景观设计的技术要求。因此，铺装景观路面强度的设计应格外慎重，需要尽量避免强度不足、早期损坏造成的经济损失。特别是需要注意防止局部损伤，因为铺装景观中局部损伤的修补相当困难。

(2) 稳定性

面层直接暴露在自然环境中，面层材料要有足够的抵抗自然因素影响的能力。

温度变化对路面性能影响最大。沥青路面在夏季高温时较软，变性抵抗能力较小。车辆反复刹车或减速的水平力可能造成拥包、推移，较重的荷载反复作用可能产生车辙。变形将严重影响路面的平整性，不仅降低车辆行驶的舒适快捷和安全性，对于景观铺装来说也严重影响路面的美观和景观效果。水泥混凝土路面板在昼夜温度变化较大时，也可能由于板顶和板底温差大，缩胀量明显不同而发生翘曲。这样的变形虽然不一定是永久性的，但发生这种现象同样影响道路路面的平整性。

沥青路面通常不设收缩缝。但在北方寒冷地区，当沥青面层松弛能力不能与降温速度平衡时，路面可能发生收缩开裂。水分沿路面进入路面结构，使得局部承载能力降低，路面可能发生网裂、碎裂，不仅路面强度严重损失。在景观铺装中，大面积的不规则裂缝完全破坏了面层的景观效果。

水分进入路面结构，将使得水稳定性差的材料丧失承载力，促使面层在荷载的作用下负担不能允许的应力或变形而破坏。当有冰冻作用时，不均匀的冻胀可能使得路面变形或碎裂。水分长期浸渍沥青面层，可能破坏沥青与石料的粘附性，并在车轮荷载的重复作用下松散而成为坑槽。

(3) 耐久性

耐久性主要对沥青路面而言。沥青是高分子有机材料，在光照、水浸和氧化作用下，沥青分子将由于聚合、缩合和氧化作用而老化。沥青老化后变硬、变脆，可能开裂、碎裂，丧失承载能力。对于铺装景观来说，当面层使用颜料着色时，多数颜料将在日照、氧化和水浸条件下出现退色、泛黄等现象，从而影响面层的色彩效果。因此，在选择铺装景观材料时需要充分注意材料色彩的耐久性。

(4) 抗滑能力

对于面层的技术要求事实上可以分为结构性和功能性两类。结构性技术要求是要保证路面具有较长的使用寿命，并且保证使用期间内路面具有足够的承载能力，不发生结构性破坏或不能允许的过量变形。功能性要求的主体是道路使用者，这些要求旨在路面为车辆快速、舒适、经济、安全行驶提供必要的技术条件。在车道面层的功能技术要求中，最重要的就是表面平整性和表面抗滑能力。

影响表面抗滑能力的主要是面层表面的粗糙度和构造深度。抗滑能力的最不利的状态是表面积水状态。水的润滑作用降低了粗糙表面的摩擦系数，当水膜达到一定的厚度时，高速滚动的轮胎和水膜之间会由于真空吸力而产生一种悬浮力，使得轮胎脱离与面层材料的接触状态，如同在水垫上行驶一般。此时，制动与转向操作几乎失灵，极容易发生交通事故。

抗滑能力还与车辆行驶的速度有关，相同的表面条件下，车速越高摩擦系数越小。为了改善面层的抗滑能力，一方面应使材料具有适当的表面粗糙度，另一方面需要设计合理的构造深度，消除行驶过程中水膜产生的飘移作用，必要时还可以设计特殊的面层材料来加快降雨时表面的排水能力。

(5) 施工特性

对于面层的技术要求也包括施工工艺难易程度的考虑。材料配制的均匀性、施工工艺的便捷程度、材料成型并获得足够强度的快慢、施工中的机械化程度等许多因素，对于选择铺装景观材料与工艺具有重要、甚至决定性的影响。

2．人行道路面

如前所述，人行道等以行人作为主体的路面景观铺装，其技术要求与以行车为主要设计对象的车行道路面有很大的不同。随着人们对于生活环境与生存质量要求的多元化倾向增加和要求水平的日益提高，目前还很难提出一个完整的技术要求或质量评价系统来适应这一局面。

日本学者小野英哲博士曾经参照建筑物地面技术要求项目系统，从人体工程的角度评价了对于人行道类路面技术要求的可能内容与条目，此处权且列出以供参考(表8-1)。

对于建筑物地面要求的性能项目　　表 8-1

分类	性能条目	主要影响方式
从居住者生理和心理方面考虑的性能	弹力	运动与活动的方便性、疲劳、伤害程度
	硬度	步行感觉、疲劳、跌倒时伤害程度
	抗滑性	步行安全感、疲劳、跌倒时伤害程度
	表面温度	触感、冰冷程度、舒适性
	隔热能力	冷热感觉
	粗糙度	触感、表面质感
	平滑度	步行感觉、跌倒时损伤程度、美观
	水平度	平衡感、美观
	耐污染能力	美观、易于清理
	色彩、光泽、图案、质感	美观（气氛）
	耐损伤性能	耐久性、美观
	不散发不快气味	美观
	吸声性能	不快感、健康、不损伤物品
	隔声性能	喧闹感
	发声性能	喧闹感
	不带静电性	喧闹感、运动安全
	不吸尘性	不快感、安全性
	清扫方便性	易于维护
	耐结露性	步行感觉、便于活动、跌倒损伤
	耐微生物污染	美观、健康、卫生
	不发生有害烟、气（火灾时）	生命安全、避难
	吸水、吸湿性	健康、卫生、愉悦感
	耐变、退色性	美观
耐用性能方面的要求	力学稳定性	变形、破坏
	变形适应性	龟裂
	对局部变形	拥包的发生
	变形回复能力	残留拥包、鼓胀
	耐冲击	冲击破坏、变形
	耐磨耗	损耗、产生凹凸
	耐水性	水浸透下层或基础
	耐热性	力学性能降低、变形

续表

分类	性能条目	主要影响方式
耐用性能方面的要求	耐燃性	火灾发生危险度
	耐火性	火灾扩大
	耐候性	变色、退色、损耗、力学性能降低
	耐药品性	变色、退色、损耗、力学性能降低
	与底层的粘附性	剥离、破坏
	耐膨胀、收缩性	不平、发生凸凹、破坏
施工性能	变形性	易于施工
	粘着性	易于施工
	加工性	易于施工
	容易修复	易于施工
	重量	易于施工
	形状、尺寸的稳定性	易于施工

尽管在这张分类表中所列条目多达45项，但从景观铺装的实际意义与工程特点来说，除了个别要求外，所列条目完全适用于以行人为主体的景观铺装面层。为了分清主次，下面我们将介绍与现代铺装景观技术关系比较密切的主要技术要求。

(1) 强度力学性能

对于道路建设者而言，除了人行道铺装必须提供给使用者的各种功能之外，为了保证铺装具有足够的使用寿命，选择材料时考虑最多的因素仍为材料的力学性能。

以行人为主体的景观铺装材料要求基本与行车道相同，应该注意的是这类面层很少承受车轮荷载，其总体强度可按行人密度作为静荷载计算。以行人为主体的景观铺装力学性能中更重要的问题可能是面层的弹性与刚度。

弹性是指路面材料应该具有适当的弹性变形能力。这里所说的弹性变形一般指介于普通弹性(如水泥混凝土)和高弹性(如橡胶)之间的弹性性能。人足部将在行走或跑动中对路面做功，刚度大的面层将这一变形功瞬间释放出来，人体将感受很强的反冲击力而受到震动；反之，如果面层将这一变形功完全吸收，由于没有反弹力，足部运动需要继续耗费能量做功使人感到疲劳。适当的弹性给人体提供合适的反弹力和较小的冲击力，从而避免行走或跑动时耗费过多的体力而疲劳。

刚度与弹性在力学性能方面不尽相同。弹性强调变形恢复的多少与快慢，刚度则强调在荷载作用下材料变形绝对量的多少。刚度对于步行者的影响，更主要的表现在足部行走过程中的触感。面层刚度过大，步行者行走时缺少舒适感，容易疲劳。更近一步从行为科学分析，刚度大的路面面层在行人一旦跌倒时容易造成伤害，给人的安全感较差。

面层材料弹性与刚度的测定目前尚无得到普遍认可的标准方法供设计者使用。在日本，一般借用体育设施设计中使用的如下两种方法来评价材料的弹性与刚度。

在20℃条件下，将通用的高尔夫球自1m高度自然落下，测定其在铺装表面的反弹高度，并定义这一反弹高度为冲击吸收系数(SB)。类似地，在相同温度条件下，将直径为1英寸的实心钢球自1m高度自然落下，测定其在铺装表面的反弹高度，并将其定义为反弹系数(GB)。

作为人行道铺装，我们希望SB值和GB值大小适中，而且相互搭配合理。

(2) 稳定性

以行人为主体的景观铺装面层稳定性要求与行车道部分的要求大致相同，但当使用砌块铺装，而且砌块的体积较小、吸水性较强时，应该注意砌块的冰冻稳定性。当砌块吸收水分达到饱和时，重复的冻融过程中材料空隙内的水结冰膨胀在材料内部形成很大的压力，一旦材料强度不足就可能造成砌块崩解破坏。材料的冰冻稳定性一般以冻融循环试验判断。

(3) 耐久性

除了沥青老化、颜料退色泛黄等耐久性问题外，对于以行人为主体的景观铺装面层，可能发生耐久性问题还有表面耐磨耗性能等，在步行商业街、站前广场等人群密集地段，保证材料具有足够的耐磨耗能力将是十分重要的。材料耐磨耗能力可以参照后面介绍的落砂法进行评价，也可以使用类似的模拟试验方法测定。

还可以列举出一些对于材料力学性能的要求。但比较之下，人行道等景观铺装材料多使用砌块类材料，如下的物理性能也许是重要的：

(1) 吸水性

铺装景观的主要构成因素之一是色彩。多数材料具有一定的吸水性，而且材料吸水后其色彩通常发生改变。对于材料吸水性的要求包括两方面，即材料吸水后颜色改变程度不宜过大或产生不愉快的色差；或者材料吸水不均匀容易在雨天形成不协调的局部色块。在阴湿多雨地区必须特别注意评价材料的吸水性。否则，精心设计铺筑的景观材料将难以充分发挥其装饰效果。

(2) 耐污染性

耐污染能力是影响铺装景观装饰效果和色彩均匀、鲜艳程度的另一重要因素。最容易污染路面的因素是尘土，在干燥少雨地区，需要特别注意评价材料表面吸附性能，那种容易吸附灰尘且不易清扫的材料通常将显著影响铺装的景观效果。同样，在这样的地区也不宜选择表面过于粗糙的材料，以避免表面粘污或沉积过多的泥土。风、降雨及人工清扫是消除尘土污染的主要途径，在车行道上，车辆行驶时轮胎下产生的真空吸力也有助于清除尘土污染，而人行道则不具备这样的条件。

必须指出的是，对于人行道等景观铺装材料的技术要求可能比普通车行道路面材料还要严格，但目前尚无统一的测试方法与设计标准供设计者参考使用。因此，设计者的经验常常对于设计的成败具有重要的影响。在设计经验不足时，根据材料的性能要求选择简便适用的模拟实验方法评价材料性能或铺筑实验路积累必要的经验是非常重要的。

第二节　铺装景观材料分类

一、对铺装景观材料的基本技术要求

选择铺装景观技术在城市环境艺术中具有非常重要的作用。铺装景观材料既要满足车辆通行和行人步行功能要求，又要满足色彩、图案、表面质感等装饰特性的要求、同时还必须考虑造价及施工与维护的难易程度。选择适宜的铺装景观材料十分重要。

二、铺装景观材料分类

整体性铺装：彩色沥青路面和沥青路面表面处理后的铺装。其结构设计按沥青路面结构进行。

板块铺装：水泥混凝土路面和特殊处理后的水泥混凝土铺装。其最小边尺寸通常大于1m。其结构设计同水泥混凝土路面结构。

砌块铺装：包含多种类型，最小边尺寸通常为10～40cm。形状以矩形为主。其结构设计特殊考虑。

1．整体性铺装

整体性铺装主要分为沥青结合料着色、彩色骨料着色、无色结合料和表面涂敷着色材料等几大类。

(1) 沥青结合料着色

将无机金属盐类颜料代替同样体积的矿粉填入沥青或沥青混合料中，可以得到少量几种着色沥青路面材料。例如将占集料总重5%～7%的氧化铁(俗称红土子)加入沥青混合料中可以得到红色的沥青路面材料；加入5%～10%的氧化铬可以得到墨绿色沥青路面材料。采用这样的着色方法得到的沥青面层材料色调低、明度暗，通常需要利用缘石或栽植的映衬加以烘托才能得到较好的色彩效果。当沥青混合料中石料用量多、交通磨耗损失较大时不宜采用。

(2) 使用彩色集料的整体性铺装

在传统的热碾式路面工艺中，铺筑好沥青砂胶层之后，以彩色石料按照每平方米5kg以上的用量代替部分普通石料，在沥青砂胶层仍保持足够温度

时散布碾压，使石料部分嵌入沥青砂胶层内，即可以形成彩色路面。彩色石料的用量决定了这种路面的彩度，通常将这一工艺用于车行道，在车辆行驶时的动态视觉条件下可以得到更加明晰的色彩感受。近年来，国外多用彩色的人工烧制陶粒来代替天然石料，使其色彩更为鲜明。

(3) 彩色沥青结合料

彩色沥青结合料是一种与道路石油沥青路用性能十分接近的人工合成树脂，多为乳灰色或乳黄色。为了生产方便，供货商可按要求供应掺配好颜料的彩色胶结料，将其与砂石材料按照级配要求混拌，即可得到色彩绚烂的彩色沥青路面。加热质量损失和长期使用后是否老化泛黄是判断彩色沥青结合料使用品质的主要指标。

(4) 无色沥青结合料

将几近透明的人工合成树脂称为无色沥青结合料。无色沥青可由设计者按照设计要求自行加入颜料或者染料使其着色，更多的情形是将其直接与天然砂砾拌和，得到具有类似砂石路般的自然色调、同时又有沥青路面使用功能的景观铺装材料。这类材料特别适合于风景园林区域的道路铺装。

(5) 半柔性铺装

在空隙率为20%～25%的基体沥青混合料中灌入水泥胶浆，养生成型后可以得到较沥青路面刚度大、热稳定性好，较水泥混凝土路面刚度小、具有柔性，且可以不设温度缝的整体式路面。如果给水泥胶浆添加颜色，可以得到着色半柔性路面；将其表面研磨可以得到石材质感的景观铺装材料；研磨后将其表面按照常用的砌块或石料板材的尺寸切割装饰缝,也可以得到砌块铺装或石料板材铺装的装饰效果。这类材料特别适合交通广场、收费站和大型货坪的景观铺装。

(6) 表面涂敷着色材料

表面涂敷着色材料可以分为喷涂着色和涂敷着色两种工艺。喷涂着色是在沥青混合料表面喷涂彩色乳胶漆形成的景观铺装，表面质感和使用功能接近普通沥青混合料。为了防止沥青上汲，基体沥青混合料一般使用热稳定性良好的改性沥青，喷涂时如果使用预先制作的模板，则可以令设计者像画家一样以铺装为画板自由地加以表现。涂敷着色铺装使用具有成层能力(如彩色聚氨酯)的涂料或乳剂，为了增加与沥青基层的连接，通常要求设置联结层和腻平层。使用目的不同时对于涂层材料的性能要求也不尽相同。例如，以人类活动和运动为主要目的的铺装需要使用弹性或柔性的涂层材料，要求表面抗滑的铺装甚至可以在涂层之上粘附一些小粒径彩色石料，此时涂层不仅要具有足够的强度，还要有足够的粘附力。涂层材料也可以使用模框施工。

2．板块铺装

对于水泥混凝土路面板块，可以使用多种表面处理工艺来提高其环境艺术方面的装饰功能。

(1) 水洗露出工艺

是在水泥混凝土板块浇筑后，采用表面喷洒缓凝剂等方法，配合使用洗刷机械，将表面水泥浮浆洗刷后露出粗骨料的一种工艺。为了增加装饰效果，洗出深度通常为2～3mm，水泥混凝土配合比中粗骨料总体用量要有较大幅度的增加，必要时表面数厘米深度的水泥混凝土应采用较大尺寸、单一粒径、致密排列的配合比设计。有些天然砾石具有很好的装饰效果，如纯黑色砾石、暗红色砾石、白色砾石等，都可以用来配置采用水洗露出工艺的水泥混凝土板块铺装材料。水洗露出工艺适合铺筑较大尺寸的水泥混凝土板块，采用碎石时还可以提高路面的表面抗滑能力。

(2) 表面镶嵌工艺

在浇筑成型的水泥混凝土表面，可以采用水泥胶浆或其他胶结剂将装饰性材料粘接其上以提高装饰效果。常用的表面装饰材料有规则几何形状薄形石板(1～2cm厚)、陶瓷砌块或其他烧制砌块、装饰砖等，常用的拼接工艺有直接拼缝、错接拼缝、紧拼冰花纹(拼缝宽度通常不超过1cm)、松拼冰花纹(拼缝宽度为1～3cm)等。选择镶嵌材料和镶嵌工艺时需要注意镶嵌材料尺寸与水泥混凝土板块尺寸的搭配及材料表面的使用性能，由于拼接冰花纹的边缘需要切割取直，通常采用预制方式制作。

(3) 表面模压工艺

对于浇筑式或摊铺式水泥混凝土路面板块，可在其尚未完全凝固前将预先设计好纹样的钢模或者木模置于其上，施加适当的振动力将模板纹样的凸凹按照设计的深度完全压入水泥混凝土表面内，卸除模板经适当养护，即可得到装饰性较强同时力学性能与路用性能完全不变的水泥混凝土板块式景观铺装。表面模压模具的凹凸需要根据水泥混凝土配合比情况设计并进行试压决定，应避免太深的纹理凹凸。

水泥混凝土材料易于着色，着色的透水式水泥混凝土板块也可以作为景观铺装中的人行道或车行道路面使用。

3．砌块铺装

用于景观铺装的砌块材料种类繁多，给景观铺装设计留有较大余地，在实际工程中应用相当广泛。在使用这些材料时，除了需要根据铺装景观设计原则选择材料、搭配色彩、构筑图案外，还必须注意砌块尺寸、砌缝宽度和铺装总体尺度的搭配关系，才能更加有效的使用这些材料。

根据砌块材料的几何尺度和力学特性，可以将砌块材料划分为承重型砌块、半承重型砌块和装饰型砌块。承重型砌块可以直接铺筑在经过振动压实的砂垫层上或其他基层之上承受车辆荷载，如块石或条石、拳石或小方石、较厚的连锁式水泥混凝土砌块、耐火砖等；半承重型砌块可以直接铺筑在经过振动压实的砂垫层或铺砂整平层上，主要承受人行荷载或两轮车荷载，如石料板材、普通连锁式水泥混凝土砌块、普通水泥混凝土砌块、沥青砌块、木砌块、橡胶砌块等；装饰型砌块必须铺筑在具有承重能力的基层(如水泥地坪)之上，仅起装饰作用，如碎拼石板、地面砖、普通建筑砖、贴面用建筑砖等。

选择砌块材料种类时必须考虑各种原则的综合与平衡，砌块材料的价格差异相当大，如果能够进行正确设计，砌块景观铺装的装饰效果和使用性能未必完全依赖于价格高低。选择砌块铺装材料时必须考虑的因素包括：预算、气候条件、使用目的、交通量与交通性质、材料的装饰特性、材料的力学特性和材料的耐久性能等。

第三节　整体性景观铺装

目前能够用于景观铺装面层的材料种类很多，为了叙述简便起见，在这一节里我们主要介绍由沥青路面和水泥混凝土路面演变形成的各类景观铺装面层。

由沥青路面和水泥混凝土路面演变形成的各类景观铺装面层主要采用了如下的一些技术来改变材料的颜色与质感：

1) 结合料着色技术　这种方法是在沥青或水泥结合料中掺入颜料来改变面层整体的色彩。由于沥青着色比较困难，也可以使用与沥青性能相近的特种或特制无色树脂代替沥青配制彩色面层材料。

2) 骨料着色技术　使用彩色骨料部分或全部代替普通碎砾石骨料，也可以得到彩色路面层。彩色骨料可以是人工彩色陶粒，也可以是精心选择的特殊天然石料。由于彩色骨料仅在表面发挥装饰作用，为了降低成本，一般使用表面嵌入工艺。

3)表面处理技术　着色技术只能改变路面表面的色彩，不能改变表面的纹理与质感。对于普通的或略加改进的沥青路面或水泥混凝土路面表面采用研磨、表面腐蚀、表面喷涂等技术处理，就能得到纹理、质感质朴的自然的表面特性，而且经久耐用。

4) 其他技术

一、沥青类景观铺装面层

通常所说的彩色沥青路面主要是指添加颜料的沥青混凝土路面、使用彩色石料的沥青路面和使用石油树脂(脱色沥青)添加颜料的沥青路面等。近年来，随着改性沥青的广泛应用，在使用改性沥青的透水性路面表面喷涂彩色树脂涂料的工艺发展很快，形成了一种新的彩色路面结构。

彩色路面主要用来铺筑人行道、广场等景观铺装，随着城市高速道路的发展，为了充分发挥高速交通的机能，保证车辆和行人交通安全，在行人过街斑马线、儿童上学道路、十字路口、急弯陡坡处、甚至车辙较深处流行以色彩标识铺装提醒驾驶人员注意交通安全。

国外最近提出以公共交通代替小汽车个体交通，以缓解道路交通紧张拥挤，减少能源的浪费。为了提高公共交通的运行效率，日本提出在第十一个道路建设计划中大力发展远距离公共汽车交通，并规划在高速公路和主要干道线路上以彩色铺装区分公共交通车线路和一般车辆行驶线，彩色沥青路面已经成为促进公共交通发展的重要手段。

由于彩色沥青路面使用的材料、级配、结构和工艺都与普通沥青路面大致相同，其技术性能能够满足各种荷载与气候条件的要求，因此在铺装景观技术中引用极其广泛。

1．着色沥青路面

着色沥青路面是在普通沥青混合料中加入一定数量的无机颜料，使之改变沥青混合料本来的暗褐

图 8—1

色，成为彩色路面的一种工艺(图8-1)。

沥青着色对于颜料具有强烈的选择性。只有加入限定的几种金属氧化物才有可能改变沥青混合料的颜色。最常见的金属氧化物是氧化铁。氧化铁俗称氧化铁红或红土子，在沥青混合料中加入5%～7%的氧化铁红，可以使沥青混合料成为红色。加入5%～10%的氧化铬可以使得沥青混合料呈绿色，加入氧化钛(俗称立得粉)和黑色氧化铁混合物可以得到灰色，加入氧化钛后有可能得到蓝色等等。

即使使用颜料的添加量相同，但当使用不同沥青品种时，也有可能得到不同色度的沥青混合料。对于某些类型的沥青，甚至不管加多少颜料，都有可能不发生颜色变化。一般而言，沥青质含量较少的沥青品种易于着色。氧化铁对于多种沥青都有着色效果。金属氧化物纯度和质量对于着色效果也有很大影响，特别是氧化铬和氧化钛，有时可能掺入相当数量也可能完全无效。因此，配制着色沥青混合料时，必须严格进行室内实验，确定其效果和用量。

配制着色沥青混合料时，可在拌合机顶端开口投料，投料时间可在矿料刚拌均匀后加入。而且，应在沥青混合料的矿粉用量中扣除颜料的用量。

着色沥青混合料仅改变了沥青胶浆的颜色，配制成的彩色沥青面层色度低、色质暗。为了得到良好的景观效果，使用时最好通过缘石或绿化栽植的色彩形成对比。例如在红色的沥青路面的两侧使用白色缘石并栽种绿色草坪，就可以得到比较明显的效果。着色沥青路面投入使用后，一旦被车轮抹去表面沥青胶浆，面层可能变得斑烂不均。此外，加入金属氧化物后也可能使得沥青混合料的马歇尔稳定度降低，流值增加，水稳定性也可能受到较大的影响。因此，应用时必须充分注意到这种材料的技术缺点。

2．使用彩色骨料的彩色沥青路面

使用彩色骨料的彩色沥青路面多为热碾式沥青混合料路面表层(图8-2)。热碾式沥青混凝土路面是英国广泛使用的一种沥青路面结构，是一种以悬浮式沥青混合料为表层，热铺后于其上散布、碾压、嵌入沥青预裹覆单一粒径石料的施工方法。热碾式沥青混凝土不仅可用于新设路面结构，也适用于裂缝较多的沥青路面加铺层。

热碾式沥青路面的技术特点可大致归结如下：富有耐久性，表面抗滑能力极强，耐磨耗，不易产生车辙等。

结合料　沥青标号应较常用标号降低一个技术等级，高温地区重交通道路应使用20#建筑沥青、改性沥青或掺配天然沥青。

结构厚度　40～50mm

典型级配如下表8-2：

彩色沥青路面的材料级配　　表8-2

设计厚度	粗集料	细集料	矿粉	沥青用量
25mm	—	84.5%	15.5%	10%
40mm	35%	54.5%	10.5%	7.5%
50mm	45%	46%	9%	6.5%

图8—2

碎石用量　8～12kg/m²

热碾式沥青混凝土的施工工艺一般无特殊要求，但撒布碎石后应以轮胎压路机碾压以提高碎石与面层材料的粘附性。

经常使用的彩色骨料有两种。一种是将萤石等白色天然石料表面使用有机或无机颜料染色得到的彩色碎石，另一种是人工烧制并破碎得到的彩色人工陶粒。无论是哪一种彩色骨料，其性能都必须满足沥青混合料所用粗集料的技术要求。由于人工陶粒在配料时即掺入需要的颜料，即使反复磨耗，使用彩色骨料的彩色铺装也将保持原有的色彩。因此彩色人工陶粒作为铺装景观材料得到越来越广泛的应用。

作为热碾式沥青混合料嵌入使用的彩色骨料应裹覆无色透明且不易老化发黄的树脂，裹覆用的树脂应与沥青具有较好的亲和性。精制松香酚醛树脂、聚丙烯树脂和质量较好的石油树脂均可以使用。

使用彩色骨料的热碾式沥青混合料彩色铺装不要求形成强烈的色度，最适合于机动车道和大面积铺装。特别是对于机动车道，一般只要求在动态视觉连续观察时显现出明显的色彩即可。根据价格与效果的对比分析，彩色骨料在嵌入用碎石中的掺配量通常采用30%，即碎石用量为8～12kg/m²时，彩色骨料用量为3～4 kg/m²。

根据这种材料的技术特点，并考虑到道路使用者的视觉感受和心理因素，使用彩色骨料的热碾式沥青混合料彩色铺装多使用红色或绿色两种色调。其中墨绿色的彩色路面应用最为广泛。这种颜色不仅增加稳定感，使驾驶人员心理沉着稳定，而且在炎热的夏季显得格外凉爽，无论对于驾驶人员还是对于步行者，都能使人产生舒适愉悦的感觉。

使用彩色骨料的热碾式沥青混合料铺装色彩的色度较低，为了突出铺装的主导色彩，道路两侧附属设施应尽量减少辅导色彩的数量，而且辅导色彩应该尽量使用对比色调的浅淡调和色彩。

3．使用石油树脂(脱色沥青)的彩色路面

石油树脂是将挥发油分热分解产物中聚合性强的馏分聚合而成的淡黄树脂，主要用于彩色路面铺装。着色颜料可以使用无机颜料或有机颜料，前者的添加量为石油树脂的15%～20%，后者为1%～4%。无机颜料在紫外线照射下不易变色，有机颜料则容易变色退色，必须经实验研究谨慎选择。实验可采用紫外线当量照射试验、全天候加速老化试验或自然老化试验等方法进行判断。

石油树脂自身也有老化泛黄的问题，除了进行光照老化试验进行判断外，在公园、风景区等突出自然色调的道路铺装中，一般不再加入颜色而直接与淡黄色的砂石直接混合成为自然彩色路面(图8-3)。这种自然色彩的路面不仅与园林气氛极为融洽，容易使人联想到古朴自然的砂石小径，给人以亲切自然的感觉，而且在满足现代人行道路铺装的同时，具有即使结合料老化泛黄，也不使人产生明显感觉的特点。

石油树脂的技术性能应与相同标号的石油沥青基本相同(参照下表8-3)。近年来壳牌石油公司和日本的一些厂商已经开发出重交通量道路上用来抵抗车辙变形的脱色沥青，其60℃黏度高达10000Pa · s，配制的沥青混合料动稳定度可达5000次/mm，而低温(5℃)延度可达50cm以上。

日本昭和壳牌石油公司脱色沥青性质　　表 8-3

指标 \ 种类	脱色沥青性质（石油树脂）	直溜沥青性质 60/80	日本技术标准 60/80
针入度25℃ 1/10mm	72	72	60～80
软化点℃	49.5	48.0	44.0～52.0
延度(15℃) cm	100+	100+	100以上
三氯乙烯溶解度%	99.9	99.9	99.0以上
闪点℃	284	298	260以上
TFOT质量损失%	−0.38	0.06	0.6以下
TFOT残留针入度%	59.7	56.9	55以上
动黏度cSt	120℃	1320	938
	150℃	326	253
	180℃	115	90
60℃黏度 poise		3200	2100

图 8–3

除石油树脂外，其他热塑性树脂和热固性树脂均可作为彩色铺装的结合料使用，但除了进行老化试验外，还应进行车辙实验、低温弯曲试验和疲劳试验等以判断其力学性能和工程使用特性。

石油树脂(脱色沥青)混合料可以比较自由的着色得到各种颜色的路面面层，也可以配制自然色彩和亮色面层，其适用性相当广泛。由于目前这种结合料价格较高，日本多在风景园林道路中用来铺筑自然色彩到路面层。

着色石油树脂混合料的颜色主要由结合料提供，磨损后露出石料易显得斑驳陈旧，选择石料颜色使之与结合料颜色尽量一致可以弥补这一缺陷，但应充分考虑石料与石油树脂的粘附性及抵抗水损害的能力。

4．亮色沥青铺装

亮色沥青铺装是指具有较大的反光率、颜色较浅淡的沥青路面表层(图8-4)。亮色沥青铺装可以用于隧道内的路面结构，用来提高道路表面的反光率，降低照明电力消耗。作为铺装景观材料，也可

图 8–4

以铺设在交叉口道路分流点、桥面等处，用来形成与普通沥青路面的对比路段，提示警告特殊的交通条件，或者作为特殊要求的建筑物周围的地坪铺装使用。

配制亮色沥青路面材料时，通常使用反光率较高的明亮色彩骨料。亮色骨料可分为天然骨料和人工骨料两类，均应满足道路路面用石料的技术标准。天然骨料可以使用石英岩等轧制的碎石，人工骨料则主要使用烧制的人工陶粒。人工陶粒的反光率较低。烧制时，如能掺入一定数量的石英砂和石膏则可以显著提高其反光率。

使用亮色骨料的亮色沥青铺装一般采用热碾式沥青混合料，为保证亮色骨料的反光率，供撒布用的骨料应裹敷石油树脂或其他脱色有机结合料。如不得以裹敷沥青时，施工后应以钢刷机磨去表面的沥青膜。为了提高亮色铺装的反光率，也可使用脱色沥青代替沥青结合料。亮色骨料的撒布率应为8～12 kg/m^2。

普通沥青混凝土也可做成亮色铺装使用，但其中的粗骨料应掺入相当数量的亮色骨料。这种亮色沥青路面的使用效果依赖于掺配亮色骨料的最大粒径，粒径越大效果越好。一般亮色骨料的掺配率应为集料总量的30%以上。使用人工骨料时应注意其空隙较大，密度较小，沥青用量和骨料用量均应认真设计。混合料型亮色骨料面层施工后常常需要经过一段时间磨耗之后，磨去表面的沥青膜才能发挥反光效果。为了缩短这段时间，尽快利用亮色铺装的特点，也可在施工后立即用钢刷机打磨表面除去多余的沥青膜。

5．透水式沥青路面

透水式沥青路面主要用于人行道铺装。随着城市道路面积增加，雨水主要通过排水管道排入江河，其结果不仅加重城市排水管网负担，造成江河水位失调，而且引起地下水枯竭，地下氧气含量不足，植物成活率降低，城市气候干燥变热，构成严重的环境问题。透水式沥青路面空隙可达15%以上，雨水可透过路面与基层渗入地下，解决上述环境问题。同时，透水式沥青路面在降雨时表面不积水、不溅水、表面粗糙，不易滑倒，夜间照明条件下不产生强烈的眩光，能够显著改善行人行走条件。由于采用透水的方式排除雨水，表面可以不设横坡，行走时行人的视觉平衡感良好。此外，这种面层材料还被认为具有吸收噪声、具有较大的导热能力的优点，从改善环境的目的出发，作为人行道、停车场或广场铺装，这种面层类型在国外的使用量日益增加，十分流行。在塔基的周围没有排水设施的铺装处，也可以使用透水性面层解决表面排水问题。

结构　在人行道等基本没有车辆荷载的情况下，透水式沥青路面面层厚度为3～4cm，下设透水层10cm，通常也在其下设置砂砾过滤层维护路面的透水功能。对于停车场、广场等承受一定荷载的面层结构，厚度通常需要采用4～6cm，基层多采用级配碎石，厚度应为10～15cm。

结合料　由于透水式沥青路面中细集料用量极少，为了保证透水式面层材料的强度，提高沥青对于粗集料的粘附性，维护材料的空隙和透水能力，所用结合料应为低标号的较硬的沥青（如40～60#沥青）。用于停车场或表面着色时，应使用粘结力更大的改性沥青。在日本，规定必须使用2型改性沥青。

配合比　以马歇尔方法设计，人行道材料的稳定度应达到400kg以上，轻交通量道路应达到500kg以上，完全没有荷载的房基散水铺装等可以采用250kg。设计空隙率一般为15%以上，最大可达25%。透水系数一般要求大于0.01cm/sec。设计沥青用量为3.5%～5.5%。在下表8-4中给出了一个设计实例。

透水式面层级配设计实例　　表 8-4

筛孔尺寸（mm）	20	12	5	2.5	0.3	0.074
通过百分率（%）	100	95～100	20～36	12～25	5～13	3～6
沥青用量（%）	3.5～5.5					

透水式沥青路面的主要病害是材料内部空隙堵塞，透水功能丧失。沥青用量过多引起的堵塞不可回复，设计时必须严格控制沥青用量。尘土淤塞可以用高压水或其他发泡剂清洗。

6．表面喷涂彩色铺装

在透水性沥青路面表面喷涂聚丙烯类或其他类别树脂涂料，也可以形成彩色铺装（图8-5），但此时应注意如下技术问题以提高着色效果。

图 8–5

路面铺装的实用功能在于给车辆或行人提供通行平面，表面喷涂色彩铺装应在重复磨耗条件下具有铺装色彩的耐久性，选择涂料应以耐磨性为主，并进行耐磨试验予以判断。透水性沥青路面材料必须使用EVA等树脂改性沥青，否则夏季高温时沥青容易软化汲出污染表面，混合料设计时也必须严格控制沥青用量。

透水性沥青路面材料用于停车场时可能经常遇到轮胎扭转损伤，一旦发生表面粒料损伤脱落，露出的黑色坑槽将在其表面色彩下显得极其破败。为了防止这类病害，设计时应充分考虑结合料与集料的粘附能力并以高温（80℃）轮胎扭转试验加以评价。

表面喷涂彩色铺装可以做成各色装饰性图案，最适合于广场和较大的建筑物周围地坪。图案大小和构图思想应考虑铺装性质，平面与空间尺度等因素妥善设计，图案构成可以使用对比色调，但当平面尺度较大时，辅导色调的种类不宜过多。

表面喷涂面层的色彩一般比较新鲜，容易污染、磨损而显得非常陈旧、不自然。在透水性铺装表面喷涂树脂涂料后使用普通的石料研磨机进行表面研磨，可以改变铺装表面的色度与质感，使之更加富于自然韵味。表面喷涂工艺应分两次完成，第一次与第二次喷涂方向最好是相互垂直，是表面凹凸部分全部喷上色彩，从各个角度观察时能够得到均匀的质感。

二、半柔性铺装

1．技术特点与技术要求

半柔性铺装是一种在大空隙率沥青碎石上浸入水泥胶浆而形成的特殊路面材料，由于这种材料兼具有水泥混凝土和沥青混合料的性能，过去习惯称为半刚性路面。近年来随着水泥稳定粒料等半刚性基层材料的广泛应用，为了区别起见将这类材料统一称为半柔性材料。

半柔性材料铺装的技术特点是既有沥青路面优良的应力松弛性能，又有足够的抵抗变形能力。在一般地区可不设置伸缩缝而不开裂，也可以用于停车场、收费站前、道路交叉口等承受长时间荷载、路面易于发生车辙的区段。对于维修工程由于半柔性铺装具有沥青材料工期短，可以迅速开放交通的优点，又像水泥混凝土路面一样具有良好的抵抗车辙变形的能力，因此也经常被采用。半柔性铺装还具有耐油性、耐化学侵蚀性等特点，也可用于加油站、仓库、货坪和集装箱码头等地的铺装。

半柔性铺装用沥青混合料的母体一般多为空隙沥青碎石，设计空隙率通常为20%～25%，最小密度一般规定为1.9g/cm^3。常用的典型级配如下表8-5所示。

半柔性铺装用沥青碎石典型级配　　表8-5

筛孔尺寸(mm)	26.2	19	13.2	4.75	2.36	0.6	0.3	0.075	沥青用量(%)	浸透深度(cm)
1型	—	100	95～100	10～35	5～22	4～15	3～12	1～6	3～4.5	5左右
2型	100	95～100	35～70	7～30	5～20	4～15	3～12	1～6	3～4.5	10左右

半柔性铺装沥青碎石的母体的沥青用量可以根据马歇尔试验确定。时间每面击实50次，稳定度一般达到300kg、流值为20～40即可满足技术要求。半柔性铺装沥青碎石母体的沥青用量不应过多。沥青用量过多不仅在施工时容易引起材料分离，而且沥青滴落至结构层底部也将影响灌入水泥胶浆，沥青用量必须严格控制。

半柔性铺装根据水泥胶浆的灌入深度一般可分为半渗透和全渗透两种类型，当荷载较重或频率较高、路面易于变形时，应该采用全渗透式。

浸透用水泥胶浆的技术性质对于半柔性铺装的使用特性具有相当重要的影响。各国在配制浸透用水泥胶浆时根据不同要求，采用不同配合比和填料，形成了多种多样的面层材料。对于浸透用水泥胶浆的一般技术要求可归纳为如下几点：

1) 浸透用水泥胶浆可以分为普通型、速凝型和超速型三种，施工后开放交通的最低允许时间分别为3天、1天和3小时。普通型可使用普通波兰特水泥配制，速凝型使用早强波兰特水泥，超速性还要加入早强剂和促凝剂。

2) 为了防止水泥浆收缩，一般在水泥浆中加入细集料和矿粉，但加入细集料和矿粉后面层不仅不耐磨，用于车行道时也容易发生光溜，降低摩擦系数。因此，多数制品采用橡胶胶浆、树脂胶浆、乳化沥青和高分子乳剂作为添加剂来改善水泥胶浆的收缩特性。

3) 浸透用水泥胶浆应该满足下表8-6所示的技术指标。

对于水泥胶浆的技术要求　　表8-6

项　　目	标　准　值
流动指针（P法，秒）	10～14
养生抗压强度（Mpa）	10～30
养生弯曲强度（Mpa）	>2

4) 添加剂的添加量因制品不同而不同，使用时最好确定添加量后调整水泥胶浆的水灰比，待流动指针得到满足后确定配合比，并通过实验核实材料的强度。

水泥胶浆的主要组成成分包括水泥、粉煤灰、石英砂、矿粉和各种添加剂。添加剂包括增塑剂、减水剂、早强剂、缓凝剂等。为了加强水泥胶浆与沥青的亲和性，提高材料的整体强度，改善水泥胶浆灌入时的流动性，抑制水泥胶浆收缩，橡胶胶浆、树脂胶浆、乳化沥青和高分子乳剂也被经常使用。下面给出了一些厂家公开的配方以供读者参考。

水泥胶浆配方实例

耐油浸用（重量比）

水泥：沥青乳剂：石粉＝1：0.15：1

室外用（重量比）

水泥：沥青乳剂：石粉＝1：0.25：1

室内用（重量比）

水泥：沥青乳剂：石粉＝1：0.5：1

着色用（重量比）

水泥：沥青乳剂：石粉：无机颜料＝1：0.25：1：0.1

速凝型高强度水泥胶浆（重量比）

橡胶胶浆：水：水泥：粉煤灰：石英砂＝6：25：40：15：14

增柔型水泥胶浆（重量比）

水泥：水：丁苯橡胶＝65：29：6

此外，为了保证施工质量均匀稳定，除上述现场直接配制的水泥胶浆外，也可按照比例事先制成水泥胶浆粉剂，使用时加入规定数量的水即可。下表8-7给出一种实用配方（每立方米材料用量）。

水泥胶浆配方　　表 8-7

(kg)	水泥用量	用水量	丙烯乳液	早强剂	调整剂
普通型	650	290	60	—	—
速凝型	1182	460	119	131	7

2．施工工艺

半柔性铺装的沥青碎石施工可采用常规方法完成，配制的水泥胶浆在达到技术标准后，按规定的数量喷洒在沥青碎石母体表面，以橡胶拖板摊均，再以振动碾振动，促使水泥胶浆充分灌入到碎石的空隙之中。经养生达到规定的强度后即可开放交通。

当水泥胶浆性质不同时，施工工艺可能略有不同，但基本上可按上述流程操作。需要注意的要点包括：

1) 为了保证水泥胶浆拌合均匀，应该使用移动式拌合机和拌合能力更大的专用拌合设备。

2) 应在沥青碎石温度降低到50℃以下时撒布水泥胶浆，沥青碎石表面不得粘有泥土、水分。

3) 水泥胶浆用量应根据沥青层厚度和空隙率预先计算决定。表面残留过多的水泥胶浆不利于路面抗滑，施工时应使用橡胶拖耙将多余的水泥胶浆刮除，使其表面呈现石料结构的凸凹，形成粗糙表面。

4) 灌入水泥胶浆前不得开放交通，以防沥青碎石层石料散落或沾染泥土。不得不提前开放交通时，应在沥青碎石层中使用黏度较高的改性沥青，并采取防治污染的防护措施。

3．增强景观效果的工艺特点

将半柔性铺装设计成为景观铺装，通常采用表面着色法、表面研磨法、表面腐蚀法、拟砌块法等工艺。

(1) 表面着色法

在灌入用水泥胶浆中掺入适当的颜料，即可得到着色的彩色路面。为了得到均匀的色彩，这种工艺要求施工时表面保存一层约0.5mm厚的水泥胶浆。关键技术在于振动碾压并使得胶浆充分渗入级配的沥青混合料的空隙中之后，再用橡胶拖耙刮除多余的胶浆时，既要保证表面色彩均匀，又不能产生悬浮的过厚胶浆层。为了防止表面过于光滑或抗滑能力迅速降低，着色水泥胶浆中最好不要添加细颗粒集料。

表面着色法中水泥胶浆使用的颜料多为氧化铁红等金属氧化物及其他的无机颜料，这类颜料具有色光、着色力、遮盖力及耐旋光性、耐候性、耐水性和耐酸碱性，使用效果较好。为了得到鲜明的色彩，也可以使用白色硅酸盐水泥。我国目前将白水泥的白度分为4级，其中一级白度为84，二级为80，三级为75，四级为70。但使用白色水泥时务必注意，当白水泥出厂批号不同时，各批白度可能有所不同，应尽可能使用同一批号的产品完成同一单体工程。

采用表面着色法得到的彩色半柔性面层色彩鲜艳，色调明快，适用面相当广泛。其最大的缺点是用于车行道时，车轮轮迹处表面着色胶浆被磨掉后露出石料本色，整体上显得极不均匀。

(2) 表面研磨法

半柔性面层中的水泥胶浆容易干燥收缩，收缩后的胶浆表面通常低于石料顶面，或者说石料可能裸露在胶浆平面上呈现凸凹的粗糙面。如果做成彩色半柔性路面层，表面色泽和质感会显得不太均匀。另一方面，当石料表面的胶浆在行车轨迹或其部位被局部磨耗失掉时，外观也显得破旧。当色彩较浅淡时，彩色水泥胶浆还容易吸附尘土污泥而被脏污。

为了克服表面着色法半柔性面层在美观和景观效果方面的这些弱点，可以使用建筑行业水磨石地面施工用的磨石机将这种材料的表面加以研磨，得到的表面色彩自然，质感朴素。由于仅仅磨去表面的水泥胶浆，表面的抗滑能力不仅不受损失，而且可以避免水泥胶浆形成光溜表面。

为了得到更好的装饰效果，可以选择沥青碎石母体中碎石的颜色，使之与水泥胶浆互相搭配而呈不同的色彩效果。碎石与胶浆之间的色彩搭配方法有同色配合、相似色配合、对比色配合、级色配合等多种方法，可以适当选择使用。

表面研磨工艺可使用湿研磨法，磨石机可走8字形，边磨边洒水。一般使用60～80号粗磨石研磨一遍，大致磨去碎石表面粘附的沥青与水泥胶浆即成，切不可像磨光水磨石那样将表面研磨的过分光溜。研磨工艺应根据水泥胶浆的固化程度确定。水泥胶浆强度太低时，湿法研磨容易冲掉表面的胶浆，水泥胶浆强度过高时研磨次数增加，石料表面粘附的水泥胶浆难以磨净，过度研磨也容易造成表面光溜。无论是配色还是研磨工艺，都应在正式工程施工之前进行小型实验，经比较分析后再作决定。

(3) 表面腐蚀法

也叫做表面水洗工艺。其表面质感与表面研磨法得到的效果非常相似，但工艺有所不同。表面腐蚀法多用于本色半柔性铺装很少用于着色法表面。这种工艺本来的用途是增加材料表面的构造深度、提高路面的抗滑能力，但其表面纹理与质感朴素大方，富有装饰效果，故可以用作景观铺装。

表面腐蚀法是在水泥胶浆尚未完全凝固，或者表面一层尚未完全固结时，采用水洗或水刷的方法使得石料表面失掉水泥胶浆露出本色的同时，去掉表面1～2mm的水泥胶浆，形成较大构造深度的一种工艺。

当水泥胶浆灌注工艺结束后，稍候片刻用软刷子或抹布擦去面层表面多余的浮浆，然后覆盖防水塑料膜以防水泥胶浆过快干燥。在水泥胶浆初凝、浆体软硬合适时(一般需要2～6h)，以硬毛刷子或钢刷机刷去表面浮浆，石料露出深度通常为1～2mm，最多不超过石料尺寸的一半。沥青碎石层中的石料表面粘有沥青膜，不可能完全靠水洗涤净，可以以后经行车磨耗去除。刷磨时应大量放水冲洗，最后还应通过喷水和轻刷，去除多余的胶浆。

这样的表面腐蚀工艺必须紧凑安排，每天的施工面积也要仔细计算，施工过程中稍有耽搁就可能完全失败。为了缓解工期，可待胶浆初凝后在表面上均匀地喷洒一次水泥混凝土缓凝剂，使得表面胶浆凝结固化时间延长为1～2天，再施行水洗工艺。但水洗时务必注意充分冲洗，以保证表面不再残留缓凝剂。

为了提高工效，增加施工均匀程度，最好采用自行式钢刷刷洗机进行刷洗。每台机械可以配制2～4个直径约为50mm的钢刷头，每个钢刷头上沿圆周边缘以10mm间距固定1圈3mm直径30～40cm长的粗钢琴线。钢刷头旋转速度可为每分钟200～500转，最好将高压水喷枪配置与钢刷机上联合使用。

金属铸造使用的喷丸工艺也可以做成类似于表面腐蚀工艺的半柔性景观铺装面层。这一工艺也有利于提高表面的粗糙度，不仅适用于新建面层，也适用于旧路面更新。这一工艺的特点是将0.5～1.0mm的钢球以较高的风速喷射路面，可将表面的水泥胶浆崩解清除，仅留下主骨料成为粗糙表面。喷出的钢球全部回收循环使用，一般将这一机械做成封闭的可移动系统。

(4) 拟砌块面层

还可以将表面研磨或表面腐蚀工艺得到的半柔性铺装表面切割，制成装饰性更强的景观铺装表层(图8-6)。

图 8–6

切割使用专用的混凝土路面切缝机或多组锯片并联的混凝土路面刻槽机。锯缝宽度一般为3mm，深度约为5mm。变换假缝之间的间距，就得到形如砌块的拟砌块铺装。拟砌块的几何尺寸比较自由，例如模拟红砖尺寸时，可为120mm×50mm、240mm×120mm、120mm×120mm等。拟砌块的几何形状的排列应注意其长边与道路纵轴线的关系，例如，在窄长的人行道上，长边就不适合和道路纵轴线平行切割，避免增加道路狭长的感觉。

以上比较详细地介绍了半柔性面层作为景观铺装的各种工艺的特点。事实上，半柔性面层本来的应用目的是利用其介于沥青路面和水泥混凝土路面之间的特点，在特殊路段用来提高路面抵抗车辙变形的能力，但由于其表面采取这些特殊工艺处理后，作为景观铺装的装饰效果非常好，表现力相当丰富，造价适中，因此这种材料越来越多的被应用于景观铺装工程。半柔性铺装不仅适用于车行道与承受较多车辆荷载的广场，现在也用于人行道类的各种非机动车道路的铺装。

第四节　板块类景观铺装

水泥混凝土路面造价高，工期长，最小路面厚度较厚，路面需要铺筑成具有一定几何尺寸的板块，加上材料力学特性和施工工艺特性形成的表面质感、纹理特点等，使这种面层较难考虑表面装饰，也很少用于人行道铺装。但是，我们可以通过多种工艺对水泥混凝土路面板块进行表面处理，来提高其环境艺术方面的装饰功能。

1．透水式水泥混凝土路面

透水式水泥混凝土路面的机理、作用及材料设计方法与透水式沥青路面基本相同。混凝土材料设计时一般不掺配细集料，表面可不设排水用的横坡度。用于人行道时，表面可以着色或进行其他处理，使其更富于装饰性。

水泥混凝土中含有大量的空隙时，强度将显著降低。例如，日本铺道公司提供的样本中，透水式水泥混凝土材料的抗压强度为180kg/cm^2，抗弯强度为40kg/cm^2，透水系数为0.05～0.1cm/sec。当确有必要提高这类面层的强度时，可以使用树脂水泥混凝土浇制透水式水泥混凝土路面。树脂水泥混凝土配方很多，下面仅给出一例。

以20%的重量比将聚醋酸乙烯掺入水泥中，配合比设计与普通混凝土材料组成设计完全相同。此种材料可在35%相对湿度条件下养护，其抗拉强度可为普通混凝土的3～10倍。其不利之处是收缩率较大，铺筑路面时应注意几何尺寸的设计。

路面结构设计中，路面厚度在完全无荷载作用时可为3～6cm，一般行人道路可为8～12cm，行车道可为15～20cm。透水基层厚度相应可为3～7cm，12～20cm，20～30cm。基层材料主要使用级配碎石或级配砂砾，也可以使用多空隙的贫水泥混凝土。车行道的基层下应设10～25cm透水垫层。英国和其他的一些西欧国家也有在基层下设置500号厚实的聚氯乙烯薄膜，并设置大约1.5%的横坡，将通过面层排入的降水沿这一薄膜排至埋置式的雨水管道的做法。

透水式水泥混凝土路面用于人行道时，无论着色与否，考虑其装饰效果，应该慎重选择路缘石与接缝板的材料，使其色彩质感与表面纹理尽量搭配适宜。例如，使用粗凿面石料制作的路缘石和透水式水泥混凝土路面搭配，就可能比使用普通水泥混凝土预制路缘石的效果要好。当路面的色调为灰色或白色时，如果能使用亮色或具有荧光效果的塑料接缝板，那么，这种极色与亮色的搭配就会显得富丽典雅(图8-7)。

由于透水式水泥混凝土路面为平面板块形式，很少有象透水式沥青路面那样进行表面喷涂工艺来加强装饰效果的。但可以使用一些几何尺寸大约为30cm×30cm的预制装饰砌块或砌块组，以一定的排列组合形式镶嵌到透水式水泥混凝土路面中合适的位置，增加路面装饰的情趣，提高其可观赏性。砌块上的图案可为风景或表现当地历史、民俗等的内容。透水式水泥混凝土路面也可以在表面切割假缝，做成拟砌块表面层，但砌块尺寸要和普通的水泥砌块人行步道板尺寸接近，例如20cm×20cm、30cm×30cm等。

2．采用表面腐蚀工艺的水泥混凝土路面

水泥混凝土路面多以配套机械进行施工。摊铺并待镘光表面作业终了后，通常使用由钢丝、棕榈丝等组成的粗面修整机垂直于路面轴线将表面刻槽或以拉毛机将表面拉毛来提高路面粗糙度。这类工艺均由表面砂浆提供抗滑能力，无论混凝土级配如何调整，在大交通量的道路上起抗滑能力都不可持久。

为了利用骨料形成的粗糙表面提供高效耐久

图 8–7

图 8–8

的表面抗滑能力，可以使用表面腐蚀工艺。当水泥混凝土路面初凝后，将掺有一定比例缓凝剂的水溶液按每平米一定数量喷洒养生，次日使用钢刷机和高压水喷刷去除表面浮浆，使表层石料露出约1～2mm,继续养生待混凝土达到设计强度即可形成表面抗滑层。与半柔性路面的表面腐蚀工艺类似，水泥混凝土路面采用表面腐蚀工艺后，也具有很强的装饰效果(图8-8)。与半柔性路面相比较，由于水泥混凝土工艺不同于半柔性面层，水泥胶浆直接用来裹敷石料，凝固后的水泥胶浆对于石料的粘附力极强，因此，有可能选择多种多样色彩、质感的石料做成装饰效果更好的路面表层。例如，日本从韩国、意大利进口纯黑色砾石，以一定的比例与普通浅色料混合来修筑这种路面，用于园林道路，表现了很强的日本民族文化氛围。

如前所述，由于材料结构的不同，与半柔性路面相比，采用表面腐蚀工艺修筑混凝土路面表层时，应注意如下技术要点：

1) 车行道上以抗滑为主要设计目的时，必须使用碎石或破碎砾石作为主骨料，破碎砾石应由两个以上破碎面。主骨料的最大粒径应控制在15～20mm左右，最大不应超过25mm。

2) 配合比设计除考虑强度和工艺性外，还必须严格控制细集料与水泥胶浆用量，如有可能，应该断掉或尽量少用5mm左右的颗粒，以防刷洗表面时这类粒径的集料粘附不牢而影响强度及表面质感。试摊铺时如发现振捣后表面浮浆过多、表面主集料排列稀疏等情况，则应重新调整配合比，使之满足技术要求。

3) 突出表面装饰作用时，可以采用不同颜色的砾石或碎石搭配来表现不同的装饰效果，此时，各种材料的颜色搭配比例与排列紧密程度都应仔细设计，并进行预备试验来确定最终的配合比。

4) 缓凝剂水溶液的浓度与用量应经试验确定，缓凝剂渗透深度应以较主骨料露出深度略深为宜，同时也必须考虑作业流程和作业时间的接续。

5) 与半柔性铺装不同，确定开始表面刷洗工艺的条件时，不仅要考虑水泥胶浆本身的软硬程度，而且一定要保证刷洗时不会松动表面石料。否则，表面材料的强度将会受到影响。

6) 钢刷机使用3mm直径30～40cm长钢琴线制成的圆形钢刷旋转刷磨，最好将高压水喷枪配置于钢刷机上联合使用。

喷丸工艺同样适用于水泥混凝土路面。

3. 表面覆盖工艺

与表面腐蚀工艺不同，还可以使用表面嵌入工艺或表面覆盖工艺代替刷洗或喷丸工艺。

(1) 表面嵌入工艺

在主体结构的水泥混凝土浇筑完毕而未终凝(一般应在3小时内)时，再铺撒一层水泥砂胶，立即均匀的撒布一层经过仔细设计配比的单一粒径装饰性石料，振动反浆、镘平并除去多余的石料、擦除表面粘附的水泥浆、经养生即成。这种工艺要求工序搭配紧密，必须由有经验的技术人员和有熟练的技术工人完成施工。

(2) 表面覆盖工艺

为了提高表面的耐磨能力，或者突出表面的装饰功能，也可以在主体结构的水泥混凝土浇筑完毕而未终凝(一般应在3小时内)时，再铺撒一层特殊设计的装饰性高强度水泥砂胶。这种水泥沙胶可以是特殊的水泥沙胶，也可以采用各种塑料混凝土。

虽然水泥混凝土路面容易着色，但水泥水化后随着时间增长易产生水泥白化现象，影响色彩的均匀性，且水泥浆着色后容易污染，因此极少使用着色水泥混凝土修筑彩色路面来提供装饰效果。

第五节 砌块类景观铺装

砌块材料由于几何尺寸小，拆装比较灵活，尤其适用于埋设有地下管线的路面。采用预制的方式生产可以使得材料质量得以严格控制，花色品种能够预先设计，因此砌块类材料也是景观铺装中采用最多的材料。

一、砌块材料分类

能够用于景观铺装的砌块材料总类繁多，为了叙述方便并便于读者参考，可以根据材料类型和表面处理后质感与纹理的不同，将其大致分类如下：

二、材料选择与设计要点

砌块铺装对于基层的要求也不尽相同。当路面承受较大交通量时，基层必需具有足够的承载力，此时多采用水泥混凝土类整体性基层，而面层的作用主要是耐磨耗、耐冲击、提供足够的抗滑能力。较厚的板材和砌块也可以直接铺装在级配碎石基层和铺砂整平层上，此时基层具有柔性，便于挖填。有些材料成本高，厚度薄，需要以水泥砂浆砌筑。

砌块类景观铺装材料花色品种繁多，给景观铺装设计留有较大的余地。但无论是砌块、板材的色彩选择与搭配，还是排列铺砌时线条的处理、排列样式的选择与装饰性图案的运用，都必需遵循景观所要求的美学原则。处理不当，不仅可能造成较大的浪费，而且可能画蛇添足，使得铺装显得粗俗、凌乱甚至给人以反感。

不同的砌块景观铺装材料，其价格可能相差

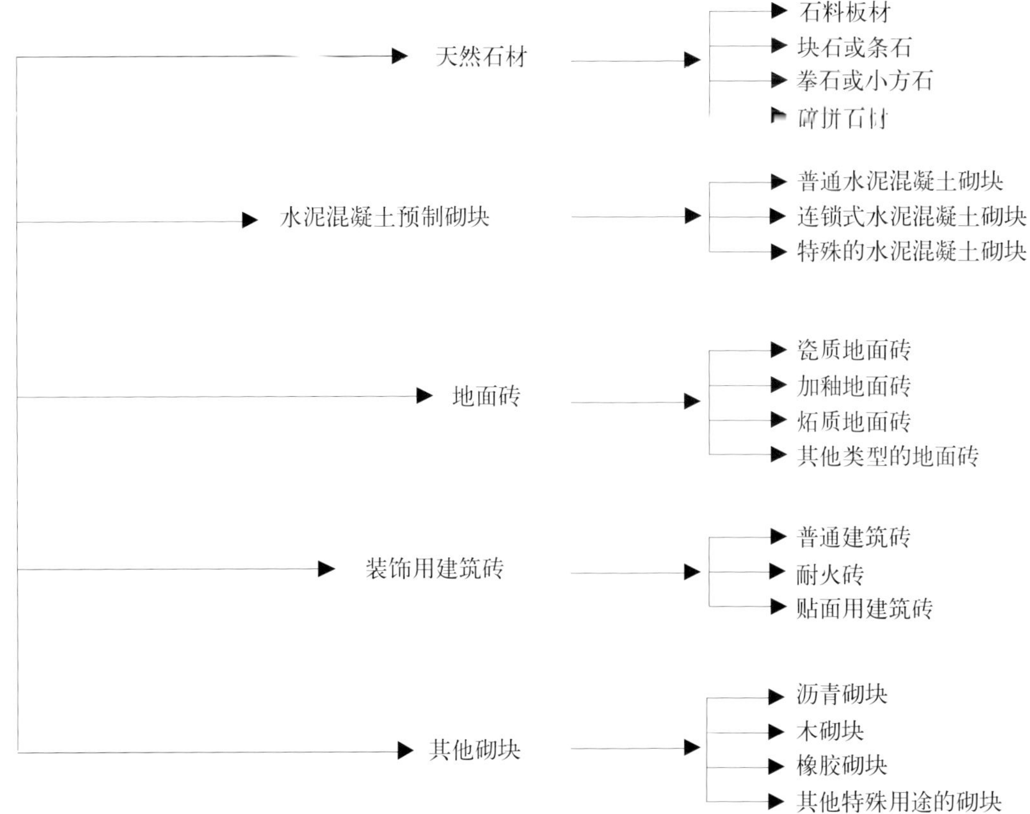

数倍乃至数十倍。未必是价格高的材料，其铺装景观效果就好。在选择这类材料品种，设计路面结构与铺装景观时应全面考虑以下各项因素，最终完成设计。

1．预算

铺装景观的建设资金来源不同，资金筹措渠道较多，对于材料与工程的要求不但千差万别，而且与一般道路设计也有所不同，铺装景观设计前必需首先确定预算，根据预算、材料价格的市场调查与路面结构、工艺等因素综合评价结果来选择面层材料。

2．气候条件

降雨、冰冻等气象条件对材料选择、结构设计具有重要影响。例如，降雨量大、雨季时间长的地区，应尽量考虑排水需要，优先选择透水面层或表面构造较深，具有一定抗滑能力的面层。选择透水式面层时，还要考虑降雨量与经常发生的单位时间平均降水量的多少来设计面层厚度、透水式基层厚度与基层材料配合比。显然，在我国北方地区，降雨季节短，降雨量小，气候干燥，如果选择透水式面层，不仅使用价值不大，而且由于透水量小，尘土泥沙淤积堵塞材料空隙的速度快，这样面层的透水效果也很难维持持久。

在北方冰冻地区，冻胀对于面层的使用性能影响很大，特别是不均匀冻胀将破坏表面的平整性，使用彼此联结能力太差的砌块，甚至可能造成局部松散破坏。因此，这类地区适合使用连锁式水泥混凝土砌块类材料。当使用各类地面砖，或使用普通水泥混凝土砌块时，必需认真进行防冻层设计，保证路面的最小防冻厚度。

3．步行特性

根据道路性质选择材料也是十分重要的一个原则。例如在风景园林区道路中，应该充分考虑面层材料的弹力和硬度，使得游人在行走运动过程中不至于疲劳。防滑也是重要的考虑因素之一。不仅在多雨地区要考虑面层湿润状态下的抗滑能力，在北方冰冻地区更要考虑降雪或薄冰状态下的抗滑能力。近年来许多室内地面材料在进行表面处理、提高其粗糙度后用于室外铺装，但为慎重计，在选择材料时最好对厂商提供的样本进行调查和技术分析。

4．设置玻璃天棚时

在许多室外商业街，为了提供较好的购物环境，街道上方在全宽度范围内设置了玻璃天棚用以防止雨水。在这种道路上设置景观铺装时，可以不必过多考虑降雨时的表面抗滑问题，材料选择应以步行特性和装饰效果为主。但此时需要注意设置玻璃天棚后光照特性既不同于普通建筑内部，也与完全暴露的室外有所区别，其色彩选择应加以适当的考虑。

5．交通量

当这类铺装用于车行道时，必需对路面结构的承载能力进行计算来完成设计。目前国内外还没有正式公布的砌块路面设计方法，多数设计根据表面层下材料的类型，套用沥青路面或水泥混凝土路面设计方法进行。

完全无车辆荷载作用的人行道类路面，需要根据步行者数量评价材料表面的耐磨耗特性。特别是繁华街道、商业街等行人通过量特别大的铺装，容易由于磨耗而退色或发生表面损伤，此时应选择耐磨耗、易修补的材料。

6．环境

砌块类铺装景观材料选择时，还要注意与道路景观相互协调，色彩、质感、图样等的选择应给使用者以亲近感和沉着感。通常需要考虑的因素包括：

道路的横断面组成；

绿化栽植的多少；

道路附属物(照明、室外家具等)的景观特征；

沿路建筑物或建筑群的景观特点。

例如，对于人行道景观铺装设计，在使用砌块类铺装景观材料时，常规的作法可如下表8-8。

人行道造型设计的基本处理方法　　表8-8

宽度（m）		砌块排列方式	色调	图案组成
窄幅	<1.5	长边垂直于纵轴	单色	不设
	1.5～3	同上，或斜排	两色以内	宜设碎点花色
宽幅	3～4.5	自由	可用多色	纵向条纹或方格图案
	>4.5	自由	可用多色	自由

此外，选择材料、进行造型设计时还应考虑以下要点：

1) 必需根据可能得到的材料性能、规格和施工难易程度来设计造型。例如需要考虑造型的复杂程度、是否需要不同规格的材料、施工人员的技术能力等来设计色调、图案，必要时应提供造型设计图供施工人员使用。

2) 在道路宽度突然变化、雨水井与街树较多等情况下，造型设计通常需要根据实测平面图，按照实际情况具体地进行技术设计。

3) 雨水井盖、街树围护、照明设施及室外家具的选择、设计应与铺装设计同时考虑，以便形成完整的风格与格调。

三、天然石料面层

天然石料面层是利用天然石材质感古朴自然与高强度特点铺筑的一种高级面层，在我国和欧洲一些国家古代的铺装史上曾经占有重要的地位。1901年铺筑的哈尔滨中央大街欧式花岗石拳石路面至今还平整如初，供大型公交车辆行驶，而它与道路两侧的欧式建筑群相互映衬，使得这条街道至今还保留着欧洲风貌。

在手工加工时代，天然石料是价格昂贵的铺装材料，但在近些年来，随着石料加工技术和加工机械的发展，石料可以用较低的生产成本加工成较薄的板材，加工过程中石料的损耗较小，加工成本显著降低，开始成为越来越重要的铺装景观材料。

特别是使用拳石铺筑的道路具有很高的强度，既可以用于车行道，也适合用于风景园林、商业街区。不必强调其色彩，仅依赖拳石排列形成的图案造型，这种面层就可以表现出其魅力永存的景观装饰效果。

现代铺装景观技术利用天然石料，主要采用板材和拳石两种料型。其中，石料板材就材质分类可分为大理石板材、花岗石板材等，就制品类型分类可分为规则板材和碎拼板材等。

1．天然板材面层

大理石、花岗石、安山石、砂岩等石料经粗加制成的板材都可以用于景观铺装。但从材料产源、加工价格和使用性能来说，铺装景观工程中使用最多的是花岗石板材。花岗石板材材质具有结构细密、颜色庄重质朴，性质坚硬，耐腐蚀、耐酸、耐磨，吸水性小，抗冻性强，抗压强度高等特点，品种也十分繁多

(图8-9)。本书将主要介绍花岗石板材在铺装景观中的应用，当使用其他材质的板材时，设计原理与花岗石板材基本相同，可参照这些内容使用。

图8-9

(1) 品种和用途

花岗石荒料经锯切成型为板材后，根据其表面加工工艺，可以将其分成以下品种。

剁斧板材　表面经剁斧加工，由斧痕形成规则的条纹。条纹较深，表面也比较粗糙，不甚平整。除风景园林区道路等特殊景观需要外，通常需进一步加工后用于道路铺装。

机刨板材　由刨石机粗刨而成，表面比较平整，有相互平行的机械刨纹，有较适合的表面纹理深度。其外形规则，表面粗糙耐磨，铺筑路面后抗滑性能极好，比较自然，具有一定的装饰性。

粗磨板材　机刨板材经过磨石机粗磨后，面平整，平滑而无刻痕，无光泽。表面晶粒在研磨过程中被部分磨掉，使得表面具有一定的粗糙度。铺筑路面后，外观规则平整，抗滑能力适度，行走感觉舒适，价格适中。是国外目前最常用的铺装景观石料板材。

磨光板材　粗磨板材再进一步细磨、抛光，便可以制成表面光亮、晶体裸露的光洁板材。有些花岗石品种能像大理石板材一样具有鲜明的色彩和花纹，具有很强的装饰性。花岗石板材的微观纹理比大理石略粗，磨光后的抗滑性能较磨光大理石稍强，但为了安全起见，除在面层上砌筑大型图案外，很少直接将其用于车行道或人行道铺装。

烧蚀磨光板材　为了利用磨光花岗石板材华丽的表面质感，克服其抗滑能力不足的弱点，可以采用大约1000℃的烧蚀温度将花岗石板材表面的晶体和易融颗粒烧蚀，形成一定深度的表面构造后再行磨光。这样制得的板材质感华丽高雅，是一种相当高级的铺装景观材料。但由于加工工序多，加工成本高，材料价格也相当昂贵。

(2) 技术规格

我国生产花岗石板材的产地和厂家较多。主要花色品种有黑、白、红、青和杂色、杂花等。花岗石的颜色由产地和加工工艺而不同，在铺筑单一色调的面层时，最好使用同一厂家、同一批号的制品，才可能保证不产生太大的色差。当需要从不同厂家购买板材时，需要通过样品比较加以选择，或以相似色配合铺筑复色调面层。

国内市场供应的商品花岗石板材多为墙面与室内地面装饰用，平面几何尺寸较大，板较薄，一般制品的厚度为20mm。目前，对于铺装用花岗石板材的技术规格没有统一要求，但由于道路可能承受各种荷载，根据日本的经验，板材的厚度应为30～120mm。当承受汽车荷载或板材平面尺寸较大时，应使用较厚者，当用于人行道或平面尺寸较小时，可使用较薄的板材。花岗石板材的技术质量控制指标主要包括：板材的平整性或称平度，几何尺寸与角度偏差，棱角缺陷，裂纹与划痕，色度等项目。

(3) 结构与造型设计

花岗石板材的耐用年限为75～200年，铺筑路面时，应使路面的设计寿命尽量与板材的耐用年限相匹配。花岗石板材一般铺筑在水泥混凝土基层上，并用水泥砂浆粘结。

花岗石板材的造型设计主要是板块排列方式设计。适合于花岗石板材的常用方式主要有齐缝式、错缝式、人字纹式、席纹式和错缝花纹式。但席纹式需要的不规则尺寸板块数量多，对难于加工的花岗石板材来说不太合适。同样，由于需要切割和打磨才能制成圆角板块，花岗石板材铺装也很难用于圆角太大，太多的平面。

在花岗石板材铺装的造型设计中，还应注意相同板块以相同方式排列的面积不宜过大，以免给人以千篇一律、重复单调的感觉。对于大型广场等大面积铺装，板块以相同方式排列区域的边长不宜大于板块长边的50～100倍。即使是突出统一格调的设计，当面积过大时也需要将铺装区域适当分块，分别施以不同的板块尺寸、不同的排列方式，确有必要时也可改变板块的表面质感或纹理。

(4) 施工工艺

花岗石板材的施工工艺流程是备料、铺筑基层混凝土并养生、润湿板材、配制并摊铺砌筑砂浆结合层、镶铺板块、灌缝养生等。其技术要点大致如下。

备料　花岗石板材的定购周期较长，除应提前定货外，必需要注意搬运过程中不可损伤板块的边角。特别是板块角部损伤后对铺装外观影响极大，损伤严重的板块不得继续使用。

基层施工　水泥混凝土基层厚度较薄，通常使用人工摊铺。基层的平整性对将来面层的平整性具有决定性的影响，摊铺时最好挂线、靠尺，或用水准测量。使用水泥稳定粒料或二灰稳定粒料基层时，同样需要注意施工的平整性和碾压后的密实度。

板块浸水润湿　花岗石板材在使用前必需浸水润湿，这是保证板块与水泥砂浆结合层牢固粘结，防止发生空鼓、起壳等质量问题的重要措施。花岗石板材的吸水率约为1%，30mm厚的板材干时的流动性和铺砌后的凝结硬化，降低强度，影响板块与砂浆及砂浆与基层的粘结力。所谓润湿，是在施工前将花岗石板材充分浸水后码剁阴干的工序，备用的花岗石板材底面应以外干内潮为宜。

水泥砂浆结合层　普通水泥砂浆需要2～3小时才能初凝，此时铺砌好的花岗石板材可能由于自重而强迫砂浆流动变形，最终影响表面平整性。因此，铺砌花岗石板材的水泥砂浆结合层通常使用干硬性水泥砂浆。干硬性水泥砂浆使用的水泥强度等级不应低于32.5级，常用的配合比为水泥：砂＝1：1～1：3(体积比)，工作度可以用圆锥体贯入深度判断，一般应为2～4mm。这层砂浆也称找平层。为了提高干硬性水泥砂浆与基层的花岗石板材的粘结力，施工时还应在基层顶面和结合层表面涂刷一层水灰比为0.4～0.5的水泥浆。

镶铺板块　花岗石板材镶铺时的板块接缝宽度一般由设计确定，板块表面光洁度越高，接缝宽度越窄。对于粗磨板材，接缝宽度可为5～10mm。花岗石板材镶铺时接缝处多采用灌浆法，很少采用挤浆法，镶铺工艺的要点是保证面层平整，结合层砂浆密实、无脱空现象。由于使用干硬性水泥砂浆，砂浆摊铺时一次数量不宜过多，略大于板块尺寸即可，砂浆虚铺厚度应较设计标高高出3～5mm。为了保证结合层质量，可以采用试铺法。即铺好砂浆后，先将板块安放在铺设的位置上，用橡皮锤敲击板块，振动砂浆使其密实并达到设计标高。移去板块检查砂浆平整密实程度，需要补浆处仔细补浆，再正式铺设花岗石板材。

灌缝养生　花岗石板材铺设后经24小时即可洒水养生。48小时后经检查板材无断裂、脱空等质量问题即可灌缝。灌缝用易流动的1：1水泥砂浆，可使用浆壶等专用容器填灌。灌缝深度应为距顶面3～5mm。灌缝后可用勾缝抹子洒少量水泥将缝勾平，并擦净表面粘附的水泥浆，养生3天即可行走。

2．拳石与小块石铺装

拳石与小块石铺装是最古老的铺装类型，也是现代应用相当广泛的铺装景观面层。在过去的拳石与小块石铺装中，石料本身作为承重层材料使用，因此无法适应现代交通荷载对于面层材料的使用要求。而对于铺装景观材料，拳石与小块石铺装不再仅仅作为承重层使用，更多地是利用这种材料古朴自然的表面特点，来突出其作为表面层的装饰作用(图8-10)。

在现代铺装景观技术中，对拳石与小块石材料及铺装结构的要求，与传统工艺比较发生了较大的变化，这类材料作为车行道或人行道的使用性能也有了相当大的提高。拳石与小块石铺装已经成为一种相当高级的路面景观铺装类型。

(1) 拳石与小块石材料

拳石与小块石主要使用花岗石制造。传统的拳石与小块石为剁斧劈制，表面比较粗糙。作为路面装饰材料时，为了得到比较平整的表面，一般使用粗磨板材劈制而成。

拳石与小块石铺装既可用于交通量较小、又要求景观效果的车行道，如风景园林道路或旅游观光道路等，也适合铺筑各类人行道、广场、停车场等。

由于拳石几何尺寸较小，砌筑时灰口较大，因此不仅适合铺筑直线型道路，也可以用于较大圆角或道路的曲线部分，适用范围相当广泛。

(2) 材料规格

拳石与小块石材料表面几何形状为比较规则的正方形或矩形。由于侧面系劈制而成，为了铺砌操作方便，通常将其制成楔块状。

拳石的表面尺寸多数为80～100mm的正方

形，小块石的表面尺寸则多为100mm × 200mm左右的矩形。拳石与小块石材料的厚度通常为80～100mm。

考虑到砌筑图案的要求，拳石铺装中应根据图案形状和几何尺寸的要求，预制相当数量的楔形表面石料备用。小块石铺装中则应预制相当数量的半块石料备用。

(3) 结构与造型设计

将拳石与小块石铺装用于车行道时的结构设计通常根据经验处理。

小块石的几何形状为长方形，几何尺寸大致与建筑红砖相同。其铺筑时的排列方法主要为错缝式，其他样式可参照花岗石板材的方式或后面要介绍的建筑砖铺砌方式处理。

拳石铺装的排列主要为圆形或扇形(图8-11)。一个完整图案的几何尺寸(半径、弦长等)应为单块拳石边长的20倍以上，以保证砌筑的图案宜于辨识，比较自然。当路面为窄长平面时，不宜使用圆形或扇形图案，可采用错缝等排列方式。无论是拳石或小块石，以错缝排列时均可采用杂色石料铺装"满天星"，但所用石料的色彩最好为调和色调，采用相似色搭配。

图 8–10

图 8–11

(4) 施工工艺

拳石与小块石铺装的施工工艺基本与花岗石板材的工艺相同。由于拳石与小块石的几何尺寸小，铺砌时很少使用灌浆法，而经常地使用挤浆法。拳石与小块石铺装的结合层砂浆摊铺时应较设计标高厚10mm左右，砂浆的工作度一般为10mm(沉入锥法)左右，随铺砌应随时用勾缝抹子将灰口勾平。

拳石与小块石铺装采用倒退法施工，即施工者面向已经铺好的部分向后倒退铺砌。当使用拳石铺砌扇形时，施工者应使自己位于圆心方向，面对扇形的弧线。圆形或扇形的图案比较复杂，为了保证砌筑的图案规则丰满，可预先在基层上绘制设计好的图案。铺砌时结合层水泥砂浆一次不宜摊铺太多，随铺随摊，使铺砌工人始终能够判断铺砌的准确程度。每铺几行，应用靠尺、靠板和木锤或橡皮锤敲击、振动已经铺好的部分，使得结合层砂浆密实，铺砌表面平整。

3．碎拼板材铺装

碎拼板材铺装主要使用石材加工过程中产生的边角废料，可以较大幅度的降低装饰用石料的价格。碎拼板材铺装的造型变化多，也有各种工艺可供选择，形成的面层富丽堂皇，色彩绚丽(图8-12、图8-13)。碎拼板材一般厚度较薄，对基层要求较高，施工也需要比较丰富的经验。

图 8–12

图 8–13

(1) 碎拼板材原料

碎拼板材铺装主要使用石料加工过程中产生的边角废料。为了使碎拼板材突出铺装特点，通常使用细磨或烧蚀后的细磨花岗石板材、镜面大理石板材或其他精制光洁表面石质板材的边角材料。因为建筑表面装饰用板材的生产量很大，容易购得的边角碎板材多为建筑饰面板材的余料或废品，厚度一般为20mm左右。

碎拼板材料源复杂，很难保证色调一致，因此多用杂色板材碎拼。这种色彩混杂的铺装最适合用于自然风景区和滨海、滨河的公用设施铺装，国外也多用于高级宾馆、饭店、室外豪华游泳池周围的铺地。

(2) 材料规格

如上所述，碎拼板材厚度多为20mm。碎拼板材的几何形状极不规则，使用时可分为三种情况处理。

1) 不对原料进行加工处理，以不规则多角形形状直接使用。

2) 根据碎料的形状与尺寸，尽是将其锯成可能大的矩形板材，但板块尺寸自由，不要求互相一致。

3) 选择色调一致的碎材，切制成10mm × 10mm或更小的正方形板材。

(3) 结构与造型设计

碎拼板材可以直接铺装在水泥混凝土基层上，也可以装饰在预制水泥混凝土板块上现场安装。

碎拼板材铺装造型设计中使用最多的是冰花纹铺装。冰花纹还可以进一步分为紧拼冰花纹(拼缝为5～15mm)、松拼冰花纹(拼缝为15～50mm)和预制冰花纹水泥混凝土板块。

拼制冰花纹时应注意将不同色调的碎块均匀分散使用，尽量避免相同色调的碎块铺砌在一起，形成较大面积的色块。冰花纹的砌缝通常采用平口。紧拼冰花纹可以采用相似色调的水泥胶浆勾缝，松拼冰花纹多嵌入彩色碎石水泥浆填缝后磨光。

几何尺寸不规则的矩形板材在现场随机拼铺，图案很难预先设计。小块规则尺寸矩形板材多用于桥面等柔性大的结构，铺砌时多采用直缝或错缝式排列。

(4) 施工工艺

碎拼板材铺装的施工工艺与板块铺装工艺完全一致。工艺中的难点是由于材料形状、尺寸无规格可依，施工者必需具有比较丰富的经验，才能较好的完成施工。特别是紧拼冰花纹的施工难度更大，由于切割形成的直缝与冰花纹的线条极不和谐，施工中一般不用切割工具作直线切割，通常只能用劈制的方法使得不规则的板材拼凑在一起，比较费工费时。

松拼冰花纹的填缝料宜高出板材表面1～2mm，待其凝结硬化后以金刚石磨石将凸缝磨平，再用细磨石磨光，使其表面质感与石料一致。矩形板块的接缝施工可参照板块或拳石与小块石面层施工的要求处理。

四、水泥混凝土砌块铺装

水泥混凝土砌块铺装是人行道铺装的最常用类型。砌块面积通常较小，铺砌时很少采用水泥砂浆等结合料将其粘结成整体，多用细砂嵌缝的方法增加砌块与砌块之间的联结。其基层一般使用级配碎石或级配砂砾等非整体性基层类型，上敷砂整平层，施工工艺非常简单，砌铺后的面层也容易拆装，最适合于埋设有各种地下管线的道路铺装。水泥混凝土砌块可以制得较薄，以大幅度降低铺装的造价。

水泥混凝土砌块采用工厂化生产，不仅强度、几何尺寸、表面抗滑需要的粗糙程度等质量问题能够得到严格的控制，而且可以通过各种各样的技术手段提高水泥混凝土砌块表面的装饰效果，使得制品达到设计的景观要求。运用各种各样的工艺可以使水泥混凝土砌块表面在色彩、质感、耐久性等方面适应千变万化的技术要求，为道路铺装景观方面的设计人员提供在相当广泛的范围内自由选择材料的可能性。

水泥混凝土砌块历来用于人行道等以步行者为主要使用对象的道路铺装。由于水泥混凝土砌块铺装在景观环境中的地位和作用日益提高，这类材料已经越来越多地用于车行道。用于车行道的水泥混凝土砌块较厚，当基层设计合理时，这样的水泥混凝土砌块将和基层一起承担荷载作用。当基层为非整体性材料时，水泥混凝土砌块铺装可按柔性路面结构处理。目前世界各国还没有正式的水泥混凝土砌块铺装设计方法问世。一些国家参照CBR经验方法设计这类路面，更多的设计规则完全依赖于经验。

水泥混凝土砌块作为铺装景观材料，其应用极其灵活多变。不同表面纹理、不同表面色彩、不同几何形状、不同几何尺寸之间的搭配，乃至水泥混凝土砌块与其他类型的砌块之间的搭配，使得铺装表面生动无比。在介绍这些内容的同时，我们不可能逐一列出可能实现的各种美学原则和装饰方法。在这一小节中，我们将重点介绍材料的生产工艺、装饰特点及其应用。

1．水泥混凝土砌块生产工艺

水泥混凝土砌块由砌块厂商进行工业化生产。工业流水线生产工艺不同，对于制品表面装饰特性将有所影响。目前流水线生产工艺大致可分为液压法、真空吸水法、振压法等。这些方法的共同特点是尽量降低压制砌块的含水量，提高水泥混凝土的凝结速度和早期强度，加快模框循环使用的周期，提高生产效率并保证几何形状、几何尺寸与其他质量要求。必要时，可在配制水泥混凝土材料时，加入适当型号、剂量的减水剂、增塑剂、早强剂等。

(1) 液压法

液压法使用水灰比较小的普通配比水泥混凝土，对填装在钢制模框中的水泥混凝土施加规定的液压压力，使材料沁水密实，并经脱模养生制得。

液压法制得的砌块上下两表面均较平整光洁。为了使得砌块表面比较粗糙，或者形成设计的纹样，液压法通常采用表面向下压实。在模框底部放置预制的金属纹样网架，为了使得表面纹样的浅槽边缘整齐，网架上可铺敷一张透水性好、有韧性的薄纸。施加液压时沁出的水分透过薄纸排除，更换不同的网架可以制得不同的表面纹样。

(2) 真空吸水法

真空吸水法也使用水灰比较小的普通配比水泥混凝土材料制造砌块。制作时利用真空吸垫，通过真空抽气的方法沁出混凝土中的水分，来缩短制品的脱模时间，提高早期强度。

真空吸水法生产的砌块表面可处理成与液压法相同的表面纹样。

(3) 振压法

振压法使用干硬性的水泥混凝土材料，也是常用的制作水泥混凝土砌块的生产工艺。常规设备基本装置可分为振动压实和机械夯实两种类型，其最大的特点是为了得到比较平整细致的表面，必须采用表面向下的压实方式生产。这是因为用振压法制造的水泥混凝土砌块上表面比较粗糙，有时会有骨料露出来。

2．水泥混凝土砌块的规格

我国目前对于城市道路用水泥混凝土砌块规格要求不甚明确，实际工程中多根据生产设备的加压能力确定制品的几何尺寸。使用小吨位液压生产线时，一般制造250mm×250mm×40mm～50mm的小板。国内的一些城市也有生产350mm×350mm×50mm～60mm的中板或450mm×450mm×50mm～60mm的大板，这通常需要使用较大吨位的液压生产线。国内目前使用的水泥混凝土砌块多为正方形，近几年来也有个别工程使用了正六角形或三联正六角形等形状的异型砌块。

有些国家使用的水泥混凝土砌块几何尺寸较大，如下表8-9中给出的英国标准BS368规定的预制水泥混凝土砌块标准尺寸。

日本的规格则表现为多样化，如日本道路建设业协会采纳的规格可见下表8-10。

预制水泥混凝土砌块标准尺寸　　表8-9

A型	600mm×450mm
B型	600mm×600mm
C型	600mm×750mm
D型	600mm×900mm

注：所有类型，用于人行道时厚50mm，用于有少量汽车通行的铺装时厚63mm。

水泥混凝土砌块规格　　表8-10

规　格（mm）	允许尺寸误差（mm）
300×300×40～60	长·宽·高<2mm
400×400×40～60	长·宽·高<2mm
450×450×60	长·宽·高<2mm
500×500×60	长·宽·高<2mm
600×600×60	长·宽·高<2mm
700×700×60	长·宽·高<2mm
300×600×60	长·宽·高<2mm
400×600×60	长·宽·高<2mm
400×300×60	长·宽·高<2mm
450×600×60	长·宽·高<2mm
450×300×60	长·宽·高<2mm
600×900×60	长·宽·高<2mm

设计水泥混凝土砌块几何尺寸时，应该从视觉效果和施工难易程度两个方面加以抉择。面积较大的铺装工程不宜使用几何尺寸太小的砌块，适当面积或几何形状下较小尺寸砌块则给人以亲密感。较大尺寸的砌块需要较厚的厚度使其不宜折断，但施工时单个砌块的重量太大则使得施工比较困难。

3．水泥混凝土砌块的表面处理

水泥混凝土砌块可以通过各种表面处理工艺形成花色品种繁多的景观铺装材料，因为砌块表面装饰所用工艺与材料不同，制品的价格变化幅度也比较大。尽管如此，与其他景观铺装材料相比较，水泥混凝土砌块在价格、适用性、施工特性、装饰性和设计可能性等多因素平衡条件下仍具有其他类型材料无法比拟的优点，使用最为广泛。

就制造工艺而言，水泥混凝土砌块的表面处理可分为表面向下法和表面向上法两大类。表面向下法，这种工艺将砌块的正表面置于模框底部，进行各种表面装饰或处理后浇灌水泥混凝土压制砌块。由于表面的装饰特点和装饰质量只有在脱模后才能看到，必须预先进行试验、严格控制工艺流程，才能保证加工质量。表面向上法与表面向下法相反，这种工艺在水泥混凝土砌块压制成型后进行表面处理。处理工艺可选择在脱模之前或脱模之后，可以在混凝土凝结之前，也可以在其凝结之后。虽然表面情况始终可见，容易控制质量，但由于无法借助压实工序，通常一般只作无需压力的处理。

水泥混凝土砌块表面处理方法很多，以下介绍一些常用工艺。

(1) 表面纹理或纹样处理

水泥混凝土砌块表面色调灰暗，质感单调，最简单的表面处理是在其表面预制一定宽度和深度的浅槽形成各种纹样或纹理。

表面纹理或纹样多采用表面向下法制作，模板多为金属材料。为了得到不同的质感和装饰效果，也可以使用木材、橡胶、塑料、树脂等材料制作。表面纹理或纹样处理技术与表面着色法并用，可能取得更加生动的效果。

(2) 表面着色法

用于普通水泥混凝土着色的颜料主要是氧化铁红、铁黑、铁黄、铁棕、铬黄、钴蓝、铬绿等无机颜料，对于普通硅酸盐水泥的掺配量一般要达到10%以上。为了降低砌块价格，通常使用表面着色法。

采用表面向下法时，根据加工色配、材料级配及工艺特点，表面着色的深度可能有所不同，一般保证在10～12mm即可。在生产线上，多配制着色水泥砂浆，先将这层砂浆铺于模框内整平后即可添加普通混凝土材料，按工艺要求进行压实。

水泥混凝土着色后容易吸附泥土灰尘，污染变色。磨耗表面可能露出粗骨料，所选色彩最好与粗骨料相似，以免显得斑驳破旧。砂浆太厚时容易造成表面光溜，抗滑性能不良。为了克服这些缺点，现在多使用塑料水泥砂浆，按表面向下法或表面向上法进行着色处理。

利用制造表面纹样时的模框作为分割，还可以制成表面套色水泥混凝土砌块。圆滑的线条和协调的色彩可以铺筑成较大的图案，克服普通直线纹样的单调与小尺度感。

(3) 表面腐蚀工艺

与整体铺装中介绍的表面研磨工艺、表面腐蚀工艺或表面镶嵌工艺类似，也可以按照同样原理制作水泥混凝土砌块。

采用表面向下法时，水泥混凝土砌块的表面嵌入工艺较现场浇灌的整体使路面更为简单，在压制砌块时可先在模框内铺撒一层干的细沙，根据高度要求，厚度可为1～2mm。将精选的装饰性材料(砾石或碎石，粒径多为20～40mm)按设计的排列方式铺设在砂层上，浇洒一层水泥砂浆后填入水泥混凝土材料，压制砌块并在脱模后用钢刷刷砂粒，得到的表面效果相当出色。由于这种工艺耗费人工较多，因此不适合大面积的铺装。

同样也可以按照表面向上法施行表面工艺。在压制的水泥混凝土砌块表面，均匀的撒布一层小粒径碎石或砾石，以适当压力将其压入混凝土中，淋水冲去粘附在石料表面的水泥浆，即可脱模养生。

(4) 仿花岗石水泥混凝土砌块

巧妙的利用花岗石碎石，选择色调合适的砂，调配与花岗石基色一致的着色水泥胶浆，利用碎石含量较高的配合比，就可以制造出表面质感与纹理均类似于天然花岗石石料的水泥混凝土砌块。

这种水泥混凝土砌块的工艺与建筑地面的水磨石工艺基本一致，表面需要研磨。用于路面结构时，根据研磨程度与表面抗滑所需要的粗糙度，一般分为粗磨表面和磨光表面(镜面)。

为了实现仿石的效果，关键技术在于配色，石料、水泥胶浆与砂之间的色彩搭配及碎石排列的紧密程度将决定材料设计的成败。

(5) 其他工艺

水泥混凝土砌块可以制成透水性砌块，其配合比与普通透水性水泥混凝土路面完全相同。制造时，应注意水泥胶浆的强度应高于普通混凝土，必要时应进行砌块的抗折强度试验，以强度不低于普通水泥混凝土砌块决定最终使用的配合比。

为了提高水泥混凝土砌块表面的装饰功能，或者需要在水泥混凝土砌块铺装中插入质感、纹理对比性强的同样尺寸砌块时，可在水泥混凝土砌块表面粘贴炻棉、釉面或瓷面瓷砖或者陶瓷锦砖(马赛克)等。这些瓷砖不同于室内地面，其表面必须进行防滑处理，尺寸也应与水泥混凝土砌块搭配。

水泥混凝土砌块铺装通常显得单调乏味。可以在水泥混凝土砌块的适当位置，依据适当的比例插入一些水泥混凝土砌块表面粘贴绘有当地历史风情图案的烧制地面砖砌块。当然其几何尺寸必须与底面的水泥混凝土砌块完全相同。

4．结构与造型设计

水泥混凝土砌块铺装的结构设计可区分为两种情况。当水泥混凝土砌块铺设在埋设地下管线、可能需要经常挖填处时，各结构层均应使用非整体性基层、垫层。由于水泥混凝土砌块多为正方形或矩形，边与边之间没有任何联结作用，基层需要较好的抗变形能力才能保证铺装在使用期间不变形，保持平整。在冰冻地区，冬季发生的不均匀冻胀将使得水泥混凝土砌块丧失平整度，表面凸凹不平，结构中应考虑设置防冻层。

我国目前的水泥混凝土砌块铺装结构比较简单，基本上是在土基之上人工铺撒5cm左右的砂平整层后直接铺砌水泥混凝土砌块，有时也不使用嵌缝砂。因此，经常发生的病害较多，如沉陷、松动、整体性严重的变形、断板等。为了防止这些病害，结构设计除应设置级配碎砾石基层外，最好注明拼缝宽度、嵌缝用砂规格、数量等。在冰冻地区还应考虑设置符合抗冻层厚度要求的砂垫层。当使用装饰性强、使用寿命长、价格较高的水泥混凝土砌块时，结构设计更要得当。

另一种情况是路面无需挖填，使用高档水泥混凝土砌块或有一定数量汽车交通时，除需要根据情况设计水泥混凝土砌块厚度外，基层可以使用水泥混凝土和二灰稳定性粒料等。整平层也可以用水泥砂浆结合层代替素砂层。基层的厚度设计主要参照交通量的大小确定，但最小尺寸厚度不易低于基层所用材料的成层厚度。

水泥混凝土砌块铺装的造型设计需要根据所用材料特点、铺装几何形状或路面宽度、景观规划总体风格等灵活处理。

当使用普通水泥混凝土砌块或单一色调水泥混凝土砌块时，砌块的几何排列是设计的主要内容。常用的排列方法有直缝纹、错缝纹、席花纹、人字纹等。当水泥混凝土砌块表面带有装饰性纹样时多用直缝纹，此时可利用纹样设计改变直缝纹排列方向与道路轴线平行的单调感。错缝纹等其他排列多用于长方形砌块。

当采用表面拟石、着色透水等表面无纹样处理的单一色调、单一质感类型的水泥混凝土砌块时，可以使用填空小石纹、网织纹、交叉纹、荷兰式砌合纹等排列方式，使表面更加生动。

对于表面无纹样的水泥混凝土砌块，还可以利用两种或两种以上的色调与表面质感构筑成各种装饰图案或纹样。改变水泥混凝土砌块的几何形状也可以使得铺装生动而富于变化。

5．水泥混凝土砌块的施工

当采用砂整平层时，水泥混凝土砌块施工所用材料主要为整平层用山砂或河砂(通常使用细度模数大于3的粗砂)与嵌缝用细砂(最大粒径小于2.5mm)。购入的水泥混凝土砌块几何尺寸不可偏差太大，搬运时注意不要产生断板、掉角等损伤。

水泥混凝土砌块的施工工艺流程比较简单，但水泥混凝土砌块铺装时施工质量如不能达到技术要求，将给今后铺装的使用性能带来较大的影响，施工时应特别注意以下问题。

1) 路基与基层压实度对铺装平整性影响极大，其压实度分别应高于90%和95%。

2) 砂整平层摊铺后最好用水沉法或小型振动碾压实并仔细找平。铺砌水泥混凝土砌块后平整性以3m直尺检测，最大差值不得超过3mm。

3) 铺砌水泥混凝土砌块时，砌缝宽度为5～10mm，缝的平直性以纵向20m内不超过10mm，路面宽度范围内不超过10mm为标准。横坡度误差不应大于设计值的0.3%。

4) 嵌缝用砂必须干燥。可分两次嵌缝，第一次嵌缝后洒水使砂沉降密实，第二次撒砂后应仔细检查砌缝是否填充饱满。

5) 拼砌复杂图案纹样时，应预先绘制大样图。

6) 铺面高度应略高于路缘石、雨水井、消火栓的表面。

7) 水泥混凝土砌块在与雨水井、栽植绿化等附属设施及建筑物交界处特别细致地加以处理。

在整体性基层以上以水泥砂浆作为结合层的铺砌工艺与天然石料板材所用的基本工艺相同，此处不再赘述。

6．特殊的预制水泥混凝土砌块

(1) 空心植草砌块

绿地是现代都市生活中不可缺少的生活空间组成部分，绿地面积是衡量一个城市现代化程度的重要标志。在现代城市建设中，国外在车辆较少的地面铺装中，特别是居民区或街道两侧的停车场上，使用一种空心植草砌块，既为车辆提供了平整的硬质铺装，同时也可以保护植草不被车辆碾压死亡，构成了全天候绿色停车场地(图8-14)。

图 8—14

为了保证表面不积水，空心植草砌块很少采用表面排水方法，一般采用渗水基层。因此，空心植草砌块的铺装结构通常是砂垫层的最小厚度为20mm，铺筑在至少150mm的基层上。当车辆荷载较多时可加厚基层，必要时还应该在砌块底面设置方格加筋网。

空心植草砌块的施工工艺大致如下：铺筑好砂垫层后首先使用小型振动压路机将砂垫层整平压实，铺筑空心植草砌块。砌块无论有无企口，均应使用水泥灰浆砌缝。砌缝养生并达到强度后在空心植草砌块的空心处铺上一层施过肥料的且无杂草的优质土壤，撒上选择好的草籽，再铺上一层优质种植土并适当浇水。

实际使用的空心植草砌块也有各种各样的几何形状，也有一些厂商采用现场浇筑的方法铺砌。现浇空心植草砌块采用一次性塑料薄板模板，材料达到规定的强度后烧掉这层模板即可。

(2) 水泥混凝土仿拳石砌块

如前所述，现代拳石砌块铺装不仅能够满足现代道路路面使用功能的要求，而且古朴自然，风格迥异，深受城市设计者和居民的欢迎。但这种铺装材料加工困难，价格相当高，有些材料制造厂商或者道路工程部门生产一种水泥混凝土仿拳石砌块来代替天然石料。

水泥混凝土仿拳石砌块一般使用高强度水泥混凝土或水泥砂浆制造，其选料、配色等应尽量突出仿石效果。也可以使用浸渍水泥混凝土制造。

浸渍水泥混凝土也称聚合物浸渍水泥混凝土。这是一种将聚合物单体加入水泥混凝土制品中，在一定条件下促使聚合物单体发生聚合反应，使之与混凝土形成统一整体改善制品性能的方法。掺入聚合物的工艺主要是表面浸渍法，即在水泥砂浆或水泥混凝土制品完全干燥的条件下，用聚合物将制品空隙充满，并使之聚合。浸渍法分为表面浸渍和全深度浸渍两种工艺。水泥混凝土仿拳石砌块主要是用表面浸渍。除此之外，还可以将聚合物直接加入到材料中拌和，但在路面工程中很少应用。

浸渍法采用的聚合物是液态的，主要品种有甲基丙烯酸甲脂、苯乙烯、丙烯腈等乙烯类化合物。此外，也常采用丙烯酸甲脂、环氧树脂等聚合物或复方聚合物。聚合物品种对制品的物理力学性能、成本影响较大，制造水泥混凝土仿拳石砌块对强度的要求不高，主要应注意制品的耐磨性和着色后材料表面颜色的耐光性、耐候性等特点，并应尽量降低造价。

单体聚合物中应加入相当比例的化学引发剂，根据聚合物的种类，常用的引发剂类型有过氧化物、偶氮化合物、过硫酸盐等。单体需要通过引发剂聚合，聚合的主要条件是发热，因此必须使得引发剂分解温度不低于单体的沸点与促进温度。还可以使用高能射线法直接促进聚合反应而代替引发剂，或者在加入引发剂的同时使用促进剂使单体在常温下聚合。

浸渍水泥混凝土的抗压强度可达110～130MPa，吸水性可降低83%～95%，透水性可减少72%～85%，耐冻性较天然石料显著提高。因此，浸渍制品仿拳石砌块铺装多使用水泥粉煤灰加气砂浆作为母体，砌块质量轻、表面强度高、耐磨性较普通混凝土降低50%～85%，提高了材料的使用寿命，降低了材料的价格，同时还避免了水泥混凝土砌块降雨时表面吸水后失去仿石效果的缺点。利用这类材料优良的抗冻性，特别适合于北方寒冷地区和融冻频繁的地区的铺装。

五、联锁式混凝土砌块铺装

前一小节所述的水泥混凝土砌块也可以称为水泥混凝土平板铺装或人行步道板铺装。尽管这种面层材料可以在加工预制过程中进行各种各样的表面装饰处理，并可以在铺砌时获得色彩对比、纹样及装饰图案等各种效果，但由于平板的几何形状是直边形式，多数情况下直接铺砌在无粘结性的砂整平层上，板块之间缺乏足够的嵌挤力，铺装材料难以形成整体，只能依靠板块下层提供的支持力承受荷载。因此，这些板块的几何尺寸不可能作得太小，否则路面将非常容易发生不均匀沉陷而丧失表面平整性。这样被限定的几何尺寸在很大程度上束缚了铺装景观设计的自由度，也很难将这种材料用于车行道铺装。

联锁式混凝土砌块采取曲齿形(俗称狗牙边)或企口形的边角来加强砌块之间的嵌挤与联结作用，使得铺装在相同厚度条件下的承载能力得到很大提高，不仅用于人行道铺装时能够有效利用其厚度，而且也可以将其用于车行道铺装。因此，联锁式混凝土砌块的几何尺寸通常较小，且几何形状变化多样。由于联锁式混凝土砌块的几何尺寸较小，花色品种繁多，拼装相当方便，使用这种材料可以铺砌成各种纹样、图案，得到相当强的表现力，其应用极其广泛。可以说，联锁式混凝土砌块已经成为国外最重要的铺装景观材料。

1．联锁式混凝土砌块材料与用途

联锁式混凝土砌块也是水泥混凝土制品。为了保证砌块制作的几何形状与尺寸，通常使用小粒径集料及较高砂率配制混凝土，有些厂商也使用高强度水泥砂浆。制造联锁式混凝土砌块时，通常使用减水剂或增塑剂配制干硬性混凝土，有些制品全厚度着色，也有些制品表面着色并采取提高表面耐磨的措施。为了提高表面抗滑能力，还有些制品表面预制一些凹凸的纹样。

对于联锁式混凝土砌块的质量，多数国家控制其抗折强度、抗压强度和几何尺寸允许误差。例如，日本联锁式混凝土砌块协会规定的行业标准要求其抗折强度不低于5MPa，抗压强度不低于33MPa，几何尺寸误差不超过±3mm。英国的类似标准规范有水泥混凝土协会出版的《混凝土路面砌块规范》(A Specification for Concrete Paving Blocks)等。

联锁式混凝土砌块的最大特点是适宜的小尺度和精心铺设产生的高质量质感。联锁式混凝土砌块由手工铺砌，给人以精工细作的感觉，突出了铺设空间整体性，这是沥青和水泥混凝土等现代路面材料无法代替的。因此，联锁式混凝土砌块铺装被广泛用于城市主要景观道路的路面铺装。联锁式混凝土砌块的小尺度容易使人联想起传统的砖、砾石、拳石等铺装材料，给人以怀旧和亲切的感觉，也适用于风景区道路和乡间别墅的道路铺装。小尺度和高质量的铺装可以在心理上抑制高速行驶，非常适合车辆行驶速度较低和限制车速的道路铺装，由于厚的联锁式混凝土砌块具有良好的承载能力，也适用于码头、集装箱货场等场所的铺装。此外，可以使用白颜色或其他对比色的联锁式混凝土砌块在不同颜色的铺装背景下砌筑各种交通警告标识。

长条形联锁式混凝土砌块铺砌成的人字形铺装对于横向滑移具有良好的抵抗能力，在心理上也有限制车速的显著作用。联锁式混凝土砌块不使用结合料砌筑，最适合经常挖填的路段。由于尺度小，联锁式混凝土砌块很容易砌筑成曲线状，还适合用于弯道处的铺装。

2．结构与造型设计

联锁式混凝土砌块的厚度通常有60mm和80mm两种，前一种薄的砌块用于无车辆荷载的铺装，后一种厚的砌块主要用于有较轻交通量的铺装。

联锁式混凝土砌块铺装的基层一般使用级配碎

砾石，其上的整平层用山砂、石屑或河砂等，其最大粒径为5mm。联锁式混凝土砌块的砌缝宽度通常为3mm，嵌缝用的细砂最大粒径为2.5mm。整平层厚度通常为30mm，没有车辆荷载的人行道基层可以采用70～100mm，有车辆荷载时应为200～250mm。在北方冰冻地区，为了防止不均匀冻胀，路面结构厚度必须满足最小防冻层厚度的要求。也可以在碎石基层上设置30mm厚度的细粒式沥青混凝土冻胀抑制层，但这种结构不适合用于经常挖填的路段。

联锁式混凝土砌块的排列方法依赖砌块几何形状与几何尺寸而千变万化，至于色彩搭配、纹样铺砌及路面标识等，可参照本书的图片实例部分。

3．施工工艺

联锁式混凝土砌块的铺砌工艺要点可简述如下：

(1) 砂整平层的摊铺

砂整平层的厚度不应过厚。摊铺过厚可能导致使用中的不均匀沉陷。砂整平层的摊铺也必须非常均匀。

联锁式混凝土砌块铺装的横坡度应为0.5%～3.0%，使用砂整平层构筑横坡将使得其厚度不均匀，并可能导致铺装的不平整，必须使用基层构筑横坡。

为了保证砂整平层密度均匀一致，同一工程应该使用同一产地的砂。

摊铺砂整平层时最好挂线或使用型板。

(2) 铺设联锁式混凝土砌块

根据设计大样，合理确定铺设起点位置和基准点。如有垂直相交的图样，应该沿纵横缝位置拉线铺砌。

联锁式混凝土砌块的砌缝应为3～5mm，铺砌时必须注意砌缝的宽度并随时予以调整。

较大的竖曲线和横坡路拱处易导致表面砌缝过大，铺砌时应格外小心。

购置联锁式混凝土砌块时应根据需要备足角用特殊形状砌块，当厂商无适当尺寸边角砌块时，必须用云石机等专用设备切制特殊形状的砌块。不应在边角处用其他材料代替，以免破坏铺装的整体效果。

为了避免积存雨水，雨水井、下水道盖等处的铺装应略高并圆顺地与这些设施衔接。

铺砌联锁式混凝土砌块后，为了防止砂整平层和砌块在使用过程中发生不均匀沉陷，应使用小型振动压路机振动压实。

(3) 砌缝填充

对于砌块之间的砌缝，应使用板刷或其他工具把干燥的细砂仔细扫入砌缝中。

应用小型振动压路机振动后，对填充不足的砌缝应补充细砂继续振动，考虑到砌缝填充饱满。

4．维护修补

联锁式混凝土砌块铺装的维护修补比较容易实施。在管道、电缆线等地下埋设物处，容易重复挖填。当埋设地下管线，或铺装的损坏原因在于路面基层和路基时，修补工程顺序为：

1) 拆除联锁式混凝土砌块；

2) 修复基层和路基；

3) 敷匀砂整平层；

4) 铺砌联锁式混凝土砌块；

5) 振动碾压并填充砌缝。

修补时应注意保持相邻结构的整体性和承载能力的一致性，尽量避免使用中发生断差或不均匀沉陷。

六、其他类型的砌块铺装

如前面所述，小尺度砌块具有其他砌块无可比拟的优点，在景观铺装中占有重要的地位。因此，除了连锁式混凝土砌块、拳石、仿拳石混凝土小砌块外，还有一些表现特殊效果或气氛的小尺度砌块，也被相当普遍的应用于铺装工程之中。这些砌块主要包括普通建筑砖、特殊砖、橡胶沥青砖、木砌块等。

这些特殊的砌块在铺装时，其结构与造型设计及铺装技术均和其他小节介绍的内容相似。在这一小节中，我们将介绍特殊砌块的使用特点和材料组成。

1．砖砌块

砖是最古老的建筑材料，也是最古老的铺路材料。在古代宫廷建筑中曾普遍使用各种建筑砖铺筑路面，并一直保留至今。欧洲自罗马时代就使用砖作为铺路材料。由于这些历史原因，砖铺路面容易使人产生一种亲切的怀旧感，欧洲、日本等国家在现代铺装中比较普遍使用砖砌块。当然，现代景观铺装中砖铺路面并不是简单的模仿古代技术，为了提高路面的使用功能，使之在满足人们审美需要的同时，现代砖铺路面在结构设计和材料设计方面有很大的进步。这些技术进步主要表现在以下几个方面。

1）现代砖砌块对其力学性能的要求显著提高。虽然多数规范仅要求砖砌块的抗压强度、抗折强度不低于建筑用承重砖的技术标准，但要求其表面具有良好的耐磨性、足够的粗糙度和较小的吸水率。

2）建筑用砖通常有红砖、青砖，但铺路用砖砌块的颜色除红、灰两色外，常用的还有桔黄、黄、土黄、棕、紫、蓝及杂色等。建筑用砖表面一般无凸凹花纹，而铺路用砖砌块为了提高抗滑能力，其表面有时特地加工一些耐磨的凹凸花纹。铺路用砖砌块的几何尺寸误差要求也相当严格。

3）建筑用砖的表面纹理通常仅要求表现在砌体表面的砖的侧面比较光洁，而铺路用砖砌块一般则要求其至少有一个平面具有规定的质感。常用的表面类型有光面、砂面、砂皱面、梳纹面、麻面、拉毛面等。

4）水平的路面比垂直的建筑立面更容易受潮而发生霜冻，铺路用砖砌块的吸水性必须严格控制，至少表面应该使用不吸水或吸水率极低的材料加以处理。即使在非冰冻地区，过大的吸水率也将导致色彩或质感的变化，从而影响铺装的美观。

5）砖砌块主要用于人行道铺装，多数情况下可在碎砾石基层上铺设砂整平层，并以细砂嵌缝。在偶有车辆通过或设计年限长、设计交通量大时，也会将砖铺砌在水泥混凝土基层上，并以水泥砂浆作为结合层的结构。当基层承载能力较强、基层无沉陷时，砖砌块很少发生折断。

6）即使经过耐磨的表面处理，铺路用砖砌块的边角仍然容易磨损而失去棱角。避免这一现象的主要措施是将砌缝用细砂或水泥砂浆砌平。当使用水泥砂浆砌缝时，也可以将填缝砂略高于表面。

可能用于景观铺装的砖砌块主要有以下种类。

(1) 黏土砖

黏土砖多为普通建筑砖，分机制和手工制作两种。机制砖几何形状比较规则，适合路面铺装。

黏土砖的标准尺寸为240×115×53(mm)，一般采用平铺法铺砌。有时为了表现特殊效果也可以立面铺砌。我国还生产一种专门用来铺地的大尺寸黏土砖，俗称大阶砖。其常用尺寸为370×379×35(mm)、370×370×25(mm)、250×250×25(mm)等。黏土砖的强度等级一般为MU7.5～MU10。

无论是机制还是手工制作，用于铺装的黏土砖平面应磨光或压光后烧制。为了得到鲜艳的色彩，也可以在黏土中加入红色颜料来烧制红砖。

过火的建筑用红砖吸水性差，不宜在铺筑现场截断，过去常作为不合格品处理。但过火砖的这些特性以及其耐磨性能适合于路面铺装的要求，国外个别厂商特地生产过火砖作为铺装材料使用。

黏土砖用于铺装工程时的最大缺点是表面装饰性差，容易吸水，不耐磨等。

(2) 缸砖

缸砖俗称耐火砖。分为表面上釉和不上釉两种，烧制温度约为1000～1200℃

缸砖质地密实，吸水率仅为黏土砖的1/2或1/3，耐磨性好。表面作成砂面、麻面时可上釉烧制，使表面更加光洁密实。其几何尺寸与普通黏土砖相同。

(3) 釉面砖

釉面砖是在普通黏土砖毛坯表面涂敷一层着色陶土加入细砂，经高温烧制而成。根据表面材料组成毛坯压制工艺、烧制温度和着色颜料不同，可以得到各种表面装饰效果和不同的使用功能。其几何尺寸也与普通的黏土砖相同。

2．沥青类砌块

(1) 沥青压制砌块

沥青路面柔软，行人行走舒适感强。沥青是憎水性材料，耐水性好且容易排水。沥青路面耐磨耗，表面不易形成滑溜。但传统的沥青路面装饰性较差，城中随处可见的沥青路面使人感到千篇一律，呆板单调。

Esso Research & engineer Co.早年开发了一种称为BMX的沥青砌块，不仅可用于铺装景观工程，也可用于室内地面铺装。

BMX是将沥青与土按一定比例在350F下拌和，以1000Psi的压力压制成形，然后在400F的温度下烧制16小时得到的砌块。BMX的常用尺寸是8×8×1.6(英寸)(约为25×25×5(cm))，其强度较高，表面粗糙抗滑，施工工艺简单，造价低于水泥混凝土砌块。

BMX的铺砌工艺、结构设计、砌块铺砌的排列方式等均可参照水泥混凝土砌块，也可以制造更小尺度的砌块来增加装饰效果。

BMX的色调偏黑略带褐色。作为消极色，这种砌块容易和其他任何一种颜色搭配。因此，不仅可以使用BMX铺砌一些特殊装饰效果的路面，也可以将其与其他质、色调的砌块搭配使用。

(2) 沥青橡胶砌块

沥青橡胶砌块是一种高弹性砌块，特别适用于居民区、风景园林区中的跑步或散步专用道路，以及赛马场等场地的铺装。尽管这种铺装并不具有较强的装饰效果，但由于其独特的使用功能和小尺度砌块的特点，也将其列入本小节中介绍。

沥青橡胶砌块主要使用废旧橡胶轮胎破碎制成的纤维或颗粒配制。废旧橡胶轮胎颗粒的尺寸大约为1～3mm直径，5～10mm长。橡胶颗粒的尺寸大约相当5mm粒径的石料。纤维或颗粒的用量多以体积计，一般占体积百分比的20%～40%。其余采用最大粒径5cm以下的石屑和砂，沥青用量大约在6%～7%之间。表8-11中给出了几种常用的级配与砌块铺装的性能。

沥青橡胶砌块的级配与铺装的性能　　表8-11

项目 \ 指标		硬质	稍软	软质	特软
适用的气候条件		温暖、多雨	温暖、多雨	寒冷	寒冷
重量配合比%	5mm以下的碎石	65～70	69～74	72～77	66～71
	橡胶颗粒或纤维	5	9	13	19
	细砂	20～25	12～17	5～10	5～10
	矿粉	5	5	5	5
	沥青	6～7	6.5～7	6.5～7.5	6.5～7.5
砌块铺装性能	表观密度（g/cm^2）	1.95左右	1.80左右	1.60左右	1.40左右
	空隙率（%）	16左右	20左右	24左右	25左右
	透水系数（cm/sec）	$1\sim2\times10^{-34}$	$1\sim3\times10^{-34}$	$1\sim5\times10^{-34}$	$1\sim2\times10^{-34}$
	SB反弹系数	4～5	4	4～5	5～7
	GB反弹系数	20～45	30左右	15～25	10～15

沥青橡胶砌块使用的沥青多为高黏度的建筑沥青，或者使用聚合物改性沥青。配制时可加入氧化铁红等颜料，其掺配方法与用量大致和着色沥青路面用沥青混合料相同。

沥青橡胶砌块使用振动压实法压制成形，压制温度不应高于100℃。为了使橡胶颗粒容易在压实过程中进入密实状态，可以施加水平或垂直方向的振动力。

沥青橡胶砌块通常铺筑在沥青混合料基层上，由于拼缝难以用结合料结合，也不宜撒砂嵌缝，其几何形状通常为骨棒状。沥青橡胶砌块的厚度可为3～5cm。

沥青橡胶砌块也可以作为简易运动场跑道铺装使用。

(3) 树脂塑料纤维砌块

沥青橡胶砌块的最大弱点是着色力差，难以发挥装饰效果。类似于沥青橡胶砌块，可以使用硬度适宜的树脂作为结合料，将尺寸细小的塑料纤维压制粘结成各种颜色的树脂塑料纤维砌块。树脂塑料纤维砌块的铺砌工艺如沥青橡胶砌块施工工艺。在下表8-12中给出了日本铺道公司产品的性能参数以供参考。

3．木制砌块

木材是最古老的建筑材料。木材制品也是最古老的装饰材料。作为道路铺装主要使用各种类型的木制砌块。木制砌块软硬适度，行走舒适，质感自然朴素，富有亲切感，木材容易吸水，表面不容易积水(图8-15)。

木制砌块主要有横截原木砌块，横截方形砌块等种类，主要用于风景园林区道路和需要特殊效果的铺装。

(1) 横截原木砌块

横截原木砌块是将干燥并经过防腐处理的原木去皮，横丝截断得到的圆形薄板状砌块，厚度一般在2～5cm。这类砌块将木材年轮显露出来，表面略粗糙，具有舒适的行走感觉和良好的吸水能力。通常在圆形砌块连接形成的缝隙中填入种植土，栽植草类作物，使铺装更富于自然感觉。

横截原木砌块铺装多用于风景园林中仅供游人行走的小径或阶梯，可以直接铺筑在砂垫层上。通常铺装两侧设置缘石或木楔并将砌块彼此嵌紧。砌块吸水膨胀后可以保证铺装的稳定。

经过巧妙的设计，横截原木砌块铺装可表现出特殊的装饰效果。

(2) 横截方形木制砌块

横截方形木制砌块与横截原木砌块的使用方法相同，由于砌块的几何形状相当整齐，铺装更具装饰效果。

横截方形砌块多使用优质木材制作，其几何尺寸一般类似于建筑红砖或水泥混凝土小型人行道砌块。铺砌时也仿照红砖或水泥混凝土人行道砌块的拼摆方式，多做成直纹式或错纹式。由于其质感、色调富于自然色彩，铺装整体显出天然材料的特有气氛。将其铺砌于风景园林中不仅可与自然景观融于一体，而且具有行走响声小，几乎不反射日光，抗滑性能极好等优点。

砌块砌缝通常以细砂填充，施工简便，易于维修。

日本铺道公司制品性能　　表8-12

项　目		指　标
几何尺寸（mm）		250 × 200 × 30
硬度（C）		68
拉伸强度（MPa）		13
25%抗压强度（MPa）		7
摩擦系数	干燥状态	0.89
	潮湿状态	0.37
磨耗量（mm）		0.10
耐水性、耐候性		无异常

图8–15

第六节　表面涂敷路面

随着景观铺装技术的发展，人们对于路面铺装景观的装饰性、经济性，施工工艺的简便性与快捷性的要求越来越高，因此，表面涂敷路面景观铺装技术得到较快的发展和广泛的注意。

事实上，第三节中介绍的表面彩色喷涂路面就是表面涂敷技术的一种，但更多使用表面涂敷技术的，是在水泥混凝土面层或砌块表面经整平处理，多层或单层涂敷装饰涂料而形成的高级铺装表层。

使用表面涂敷技术，既可利用着色、色块对比或图案进行装饰，也可以利用各种手段模拟砌块铺砌。最近在国外流行的表面模框砌块技术是最值得借鉴的技术之一。

一、各种表层涂敷材料

1. 聚合物水泥砂浆（水溶型涂层）

聚合物水泥砂浆(PCC)是将聚合物以较高比例掺配于普通硅酸盐水泥中配制成结合料，把砂或砾石固结成水泥砂浆或水泥混凝土的表面涂敷材料。常用的聚合物有橡胶乳液、树脂乳液等。聚合物水泥砂浆主要用以改善材料表面的耐磨性质，同时也可以显著提高变形能力和耐腐蚀性。由于聚合物水泥砂浆干燥收缩小，特别适合整体性无接缝的大面积表面处理。

(1) 橡胶乳液水泥砂浆

在水泥砂浆中掺入橡胶(多使用合成橡胶)的水分散体，可以配制成系列的新型路面铺装材料。这种砂浆主要由活性硅酸盐水泥、海砂或石英砂、合成橡胶乳液和大约2%的酪素胶粉水溶液配制而成。配制这种砂浆时，首先在拌和机中加入20%浓度的酪素胶浆水溶液，然后加入合成橡胶乳液充分搅拌均匀。将预先按一定比例配制好的水泥砂混合物逐渐加入混合胶浆中，边加边搅拌，达到规定配比后加入一定量的水将其搅拌均匀即成。

橡胶乳液水泥砂浆的力学性能主要取决于橡胶乳液含量的多少。当橡胶用量达到10%～15%时，材料的性能接近橡胶弹性，具有良好的耐冲击性。当橡胶用量较少时材料性能改变不大。橡胶乳液水泥砂浆特别适合冰冻地区，试验表明，在5～20℃的温度范围内进行63次冻融循环，配制合理的材料无显著质量损失。橡胶乳液水泥砂浆也具有良好的抗渗性，在3～4mm厚的橡胶乳液水泥砂浆层上进行静水压力渗透试验，未发生渗漏现象。橡胶乳液水泥砂浆还具有良好的长期使用性能，试件经历8年以上的风干试验未发现老化现象，仍保持良好的橡胶弹性。

橡胶乳液水泥砂浆的配合比应该经过严格的实验调配决定，特别需要合理的确定合成橡胶乳液的比例。橡胶乳液水泥砂浆可以掺入多种无机颜料调配成需要的色彩。

在水泥混凝土基层上涂敷橡胶乳液水泥砂浆时，还应该注意砂和水的用量，避免产生过大的干燥收缩。为了提高材料的抗滑性能、耐磨性能和防止污染能力，多在橡胶乳液水泥砂浆尚未完全凝固时撒布一定数量的石英砂，待其固结后再喷洒一层耐磨的树脂涂料。

(2) 聚乙烯醇缩甲醛水泥涂料

聚乙烯醇缩甲醛水泥涂料俗称108胶彩色水泥胶浆，是以水溶性聚乙烯醇缩甲醛水泥涂料为基料，与普通水泥或白水泥及一定比例的铁系颜料组成的厚质涂料，也称777彩色地面涂层。通常用刮涂法涂布于地面，固结后即形成与普通水泥混凝土基层粘结牢固的装饰性面层。聚乙烯醇缩甲醛水泥涂料耐磨性与耐污染性较差，用于景观铺装时，可在聚乙烯醇缩甲醛水泥涂料未完全固结时撒布适量石英砂或着色人工陶粒碎屑，再喷涂1至2层耐磨表面涂料，即可得到耐磨抗滑、装饰效果好的表层路面。聚乙烯醇缩甲醛水泥涂料作为无缝式路面表面涂层时不宜用于北方寒冷地区，以防发生收缩开裂。

聚乙烯醇缩甲醛水泥涂料配制时，应将水泥、颜料过细筛。按配合比称取聚乙烯醇缩甲醛胶置于拌和机中，边搅拌边投入事先加水润湿的颜料色浆，再经充分搅拌制成涂料色浆。开始施工时按配合比称取涂料色浆，投入拌和机内，先将规定比例的减水剂加入拌和机，再在搅拌条件下将水泥加入涂料色浆中，充分搅拌制成均匀的胶泥。

聚乙烯醇缩甲醛水泥涂料使用刮涂法施工，每次刮涂厚度可为0.5mm左右，总涂层厚度为2mm以上。前一次层稍干燥后即可刮涂下一次涂料。聚乙烯醇缩甲醛水泥涂料施工后应在一周内洒水养护保持湿润。在其表面喷涂耐磨涂料时，最好选择水溶性涂料。当选择其他溶剂型涂料时需要等待表面完全干燥才可施工，因此将显著延长工期。

类似的水溶性涂料还有聚醋酸乙烯(俗称乳白胶)、水溶性环氧树脂等。

2．溶剂型涂层

水溶性涂层具有施工工艺简单、造价低廉等优点。但这类材料通常耐磨性较差，耐候性也很难满足各类地区的要求。在表面涂敷类路面结构中，使用最多的表面涂层材料还是溶剂型涂层。

溶剂型涂层主要使用有机高分子材料作为结合料，常用的品种主要有不饱和聚酯树脂、环氧树脂、呋喃树脂和某些聚脂型树脂。溶剂型涂层无水无水泥，是有机材料与砂、石等无机材料的巧妙结合，通常也称其为树脂混凝土。溶剂型涂层材料多数为双剂反应固化类型，也有个别挥发固化型材料。

(1) 糠醛树脂混凝土

这种溶剂型涂层中以糠醛和A单体(糠醛与丙酮的单体化合物)作为结合料，以苯磺酸作为硬化剂，是一种反应固化型材料。糠醛是制造合成树脂的液体原料，由各种农业废料、煤泥、木材废料、芦苇等制得。A单体也是液体原料，在某些硬化剂的作用下形成耐热树脂。

糠醛树脂混凝土可参照如下配方(重量比)配制：

糠醛：1.5%；A单体：8%～14%；苯磺酸：3%～4%；砂：82%～88%。

糠醛树脂混凝土具有较高的强度和充足的耐冻性，其主要技术特点是具有相当优良的不透水性和耐火性。

制造糠醛树脂混凝土的工艺比较简单，将干燥的砂(不得使用潮湿或冰冻的砂)或集料投入拌和机中，依次加入糠醛、A单体、苯磺酸，每加入一种材料强制搅拌1～2分钟。施工时最好配合轻型振动，以使其密实。

糠醛树脂混凝土应在温度为15～20℃的环境下配制。一般在摊铺后20～30分钟开始硬化，2～3小时后即可拆模。其强度增长较快，一昼夜后抗压强度可达30～35MPa，七昼夜后高达60～65MPa。当集料中粗集料用量多，集料表面积较小时，可以大大减少A单体的用量。

糠醛树脂混凝土制品可能呈灰黑色，能够掺入的颜色选择性较强，也可采用表面压入石英砂或彩色石屑、彩色人工陶粒等方法增加其装饰性。

(2) 环氧树脂涂层

环氧树脂涂层也是一种反应固化型涂层材料。用于路面表层的环氧树脂多采用低黏度液体状的，如E－44、E－42等品种，主要起胶凝作用。固化剂多选用室温固化的多胺类物质，如乙二胺、二乙烯四胺、三乙烯四胺等，尤以多乙烯多胺为好，使用时较少产生烟雾。路面用环氧树脂涂层必需加入增塑剂如苯二甲酸二丁酯等，以增加材料的柔韧性。为了降低施工黏度，提高施工效率及质量，当环氧树脂涂层材料过稠时，还需要加入二甲苯、丙酮等非活泼性稀释剂。环氧树脂涂层容易加入颜料得到各种颜色，颜料的掺配量可为1%～3%。用于路面表层的配合比例如下所示：

E－44环氧树脂	5000g
二甲苯	750g
邻苯二甲酸二丁脂	250g
二乙烯四胺	450g

环氧树脂涂层具有良好的流平性，施工时只要大致涂平即可得到平整的表面，但基层平整性应良好，否则涂层将厚薄不匀。环氧树脂涂层与基层粘附性好，但要求基层必需干燥。

配制环氧树脂涂层材料时需要注意配料准确，一次配料数量不可太多，以免环氧树脂发热急速固化或产生暴聚现象。涂敷厚度可根据经验确定，一般可为1～2mm。使用环氧树脂涂层时可使用单色涂敷，也可在表面洒布锌白粉使其自然流淌成为冰花纹，或用铁板拉毛，还可以撒布各种集料来增加其表面装饰性。

环氧树脂涂层在夏季通常经4～8h即可固化，冬季则需1～2d。使用前应在表面涂罩一层环氧树脂清漆。

环氧树脂涂层的优点是收缩率小，收缩主要发生在固结阶段，材料尚有足够的松弛能力，不致引起涂层的开裂。这类涂层与基层的粘结力强，耐磨、耐刻划、耐腐蚀性较好，缺点是成本偏高。

(3) 不饱和聚酯树脂

不饱和聚酯树脂可在常温下固化。常用的引发剂多为过氧化物，促进剂为环酸钴等。在引发剂和促进剂的共同作用下，不饱和聚酯树脂可在常温条件下固结成不熔物。

不饱和聚酯树脂的黏度比较小，可以加入较多的填料。填料的品种对于涂层的耐磨性影响很大。合理利用外加剂可在较大幅度内调整涂层的硬化固结时间。但硬化速度太快易发热，成型后收缩率也比较大。在工期要求允许时，以12h可上人行走为度控制比较合适。

不饱和聚酯树脂的品种较多，配制面层材料时多用UP、307－1、307－2等品种。其常用配方也较多，下面给出若干实例以供读者参考。

● 不饱和聚酯树脂胶结料的配制

不饱和聚酯307—2	100g
酮浆(固化剂)	40g
6%浓度钴液(引发剂)	30～40g
液体石蜡(封闭剂)	30g

● 不饱和聚酯树脂涂层

不饱和聚酯树脂	100g
国产一号固化剂	5g
国产一号促进剂	1～3g
石粉	400～500g

● 不饱和聚酯树脂混凝土

不饱和聚酯树脂	9%～11%
粉末状碳酸钙	10%～13%
细砂(＜1.2mm)	10%～12%
粗砂及粗集料	50%～60%

不饱和聚酯树脂涂层材料的力学强度大，与基层材料粘结效果好，粘结强度高，耐磨、耐腐蚀，其造价较高。

不饱和聚酯树脂涂层的施工工艺与环氧树脂涂层相同。

3．丙烯酸类涂层

丙烯酸类涂料具有优良的耐候性、耐水性、耐碱性和保色性，与质地较硬的集料配合使用，也具有较好的耐磨性。作为建筑中的外墙涂料，丙烯酸类涂料正在逐步取代一些性能较差的传统建筑涂料而得到广泛使用。其中常用的彩砂涂料、喷塑涂料和丙烯酸有光凹凸乳胶等品种也开始用于道路路表的无缝涂层。

(1) 彩砂涂层

彩砂涂层主要由基层封闭涂料、胶粘剂、彩色石(砂)粒和罩面涂料组成。

基层封闭涂料由苯(乙烯)丙(烯酸脂)乳液、挥发性混合助剂和水组成，其配合比以涂刷黏度、干燥时间确定。必要时应在基层封闭涂料中加入需要的颜料。基层封闭涂料的作用在于减缓干燥的水泥混凝土基层从彩砂涂层中过快的吸收水分影响施工时涂料的粘度。

胶粘剂是彩砂涂层的主要材料，用来将彩色石(砂)粒粘结成涂层。其配合比比较复杂，除苯丙乳液外，一般还掺有硫酸钡、滑石粉、轻质碳酸钙、石英砂(细砂)等填料，此外还要加入成膜助剂(如丙二醇或乙二醇)、分散剂(六偏磷酸钠)、增稠剂(如羟甲基纤维素)、防霉防腐剂(如五氯酚钠、苯甲酸钠)等。胶粘剂最好委托专门厂商生产。

彩色石粒可用大理石、花岗石破碎而成，其最大粒径应为涂层厚度的1.0～1.2倍。也可以使用耐磨性良好的轻质人工烧制陶粒。

表面涂料的配合比类似于基层封闭涂料。其配方应注意透明度、成膜密度、耐老化性及其耐磨性。

彩砂涂层施工前应对基层进行整平、补坑、抹面压光等工序，待基层稍干后即可涂刷封闭涂料。封闭涂料一般涂刷2～3遍，每次涂刷方向应交错成90°角，不得漏刷。前一遍涂层稍干后即可涂刷下一层。

基层封闭涂料干燥后使用喷胶斗喷涂胶粘剂，厚度应为1.5mm左右。喷涂必须均匀，接缝处厚薄应该一致，以免产生色差。喷胶后立即用喷石机喷洒碎石，不得间歇损伤，以防胶结料成膜影响粘结力。碎石必须均匀地粘结在胶层上，不应漏喷。喷石方向可成扇状，应尽量避免出现条纹。

喷石后5～10min后即可用胶辊滚压碎石，滚压后胶液不应外溢填平石料表面的构造纹理。可在第一遍滚压2～3min后再滚压一次。滚压时用力必须均匀，第二次应比第一次用力大些，不得漏滚以防石料粘结不牢。

喷石后两小时即可喷涂罩面涂料。注意工序衔接，当天喷石必须当天喷涂。罩面胶可喷涂2～3遍，成膜应有一定厚度，以手触摸光滑圆润为宜。

(2) 丙烯酸有光凹凸乳胶涂层

丙烯酸有光凹凸乳胶涂料以有机高分子材料苯乙烯－丙烯酸脂乳液为主要成膜物，加上不同颜料、填料和集料制成，由丙烯酸凹凸乳胶底涂层(厚涂层)和丙烯酸有光乳胶面涂层(薄涂层)组成。底涂层喷涂成型后经过滚、压、抹后能够得到大小不同、形状各异的凹凸表面，其上再喷涂1～2层有光面涂层即成为质感自然的路面表层。

丙烯酸有光凹凸乳胶涂层材料通常由专门厂

商生产。喷涂时使用6～8mm口径喷枪，以0.4～0.8MPa压力喷涂。压力调整主要根据涂料黏度和喷涂要求调整。喷涂应在温度适中(大约25℃)、天气晴朗时进行。喷涂5min左右之后以蘸水的铁抹子或胶辊抹压或滚压涂层表面。应始终统一方向操作，使涂层呈现立体感，均匀一致。需注意不得产生空鼓、起皮、漏喷、脱落等现象。

底层施工8h后即可用喷枪喷涂丙烯酸有光乳胶面涂层。喷涂压力应为0.3～0.5MPa,喷枪与地面成90°角，距离可为40～50cm,用量约为0.3kg/m²。

(3) 喷塑涂层

喷塑涂层是以丙烯酸脂乳液和无机高分子材料作为主要成膜物的有骨料新型路面表面涂层材料，俗称“浮雕涂层”。这种涂层质厚、层次多，具有自然质感和很强的立体感。

喷塑涂层由底涂、骨架涂层和表涂三层组成，一般由专门生产厂商制造。

底涂也称底油、底釉。它渗透于基层内部，增强基层强度，同时封闭基层，防止水泥基层对表面产生碱污染，增加骨架与基层的粘结力。典型的底涂是乙烯－丙烯酸脂共聚乳液，但厂商不同，采用的材料也可能不同，最好配套使用相同厂家的底涂、骨架涂层和表涂材料。

骨架即喷点，是喷塑涂层的成型层，喷点在底涂干燥后即可喷涂。骨架喷点目前主要有两大类，即硅酸盐喷点类和合成乳液。

硅酸盐类喷点的主要成分是水泥、矿砂，通常还配有增稠剂、缓凝剂等助剂。常用的配比是白水泥：108胶：矿砂＝1：0.2：0.2～0.5,并加适量的水组成。稠度与喷射点的大小有关，喷小点时应多加一些水，喷大点时则应少加水。白水泥是胶结料，一般使用325号以上的合格白水泥。108胶是增稠剂，可增加喷点与基层的粘结力，但使用过量可能降低涂层的强度。矿砂是骨架涂层的骨料。

这种骨架涂料只能现用现配，也有些生产厂商将白水泥粉状增稠剂及其他助剂按比例事先配好，施工时只要加水调至需要的稠度即可。硅酸盐类喷点料具有水泥材料的优点，耐碱、耐水、强度高、成本低，但施工后也必须像水泥材料那样浇水养护。

合成乳液喷点料的主要成分是合成乳液、填料、助剂等。又分为硬化型和弹性型两种。

硬化型：有单组分和双组分两种，以单组分最为常用，其主要成分为丙烯酸脂聚合物。双组分的主要成分为环氧乳液与聚酰胺，其硬度、粘结性及耐火性较好。

弹性型：主要成分为丙烯酸橡胶，与水泥基层有良好的粘结性能，富有弹性，行走舒适。

合成乳液喷点材料由专门厂商生产，使用时加水调配即可。喷大点时通常加水3%～5%,喷小点时加水5%～9%,最多加水量通常不得超过10%。喷点料中固体含量较高，一般在65%～70%左右，成型后柔度适宜，用胶辊将喷射后的圆点压平，形成的花纹外形自然而圆滑，质感相当丰满。

面涂是涂层的表面层，内加耐晒彩色颜料，使涂层具有理想的色彩和光感。面涂材料有水溶型和溶剂型两类，溶剂型的稀释剂多用信那水，成分多为双组分，需在现场按一定比例配制。水溶型为单组分，在现场加水稀释即可，施工简便，工具也容易清洗。面涂施工一般不低于两遍，可使用水溶型和溶剂型各一遍，也可以两遍均使用溶剂型。

喷塑涂层的施工与丙烯酸有光凹凸乳胶涂层程序大致相同。施工时除了需要注意连续性外，还要根据设计的压花要求选择胶辊的材质及隔离剂。如塑料辊蘸松节水压花得到的表面十分平整，橡胶辊蘸水压花的效果则显得表面圆润。

此外，还有一些建筑外墙和室内地面厚层涂料也可以用作景观道路表面涂装，但除了需要注意其耐水、耐候、强度、硬度等力学性能外，最重要的是必须保证材料具有足够的耐磨性。对于路面表面耐磨性的评价，目前还没有统一的检测标准，需要时可参照如下的落砂法加以判断。

将40～50mm边长正方形、重约100g的试样与水平面成45°角放置，将10kg相当日本JISR6111标准的人工晶体研磨材料C(20＃)自1100mm高处在8min内沿漏斗滴完，擦净试样，以0.01g的精度称取磨耗减量作为耐磨性标准。

二、表面模框拟砌块技术

表面涂敷路面也可以称为无缝技术，这是由于这类材料通常具有一定的应力松弛能力和低温下足够的变形能力，施工时不必像水泥混凝土路面那样设置伸缩缝。但为了突出景观铺装的装饰效果，实际施工时很少做成无缝状，而常常模拟板块或砌块铺装做成各种装饰缝或对比色块。

在建筑工程中，传统的装饰缝制造工艺采用埋置玻璃条、铜条或橡胶条等方法予以处理，但在路面工程中，常常需要模拟小型砌块等不同风格的表面形式来提高装饰效果。此时，预埋条法不仅施工繁琐、成本增加，而且很难使其富于变化。

最近，国外较多地使用表面模框拟砌块技术进行表面处理，形成了多种多样的图案纹理，使得铺装景观技术得到进一步发展。

表面模框拟砌块技术以单层或双层模框将表面涂敷材料分割成各种图案，并可形成阴纹和阳纹两类砌块。配合表面涂层材料的色彩和质感，能够形成各种格调与气氛的拟砌块路面。利用预先刻制的模框，还可能在路面表面涂敷各种交通标识及大型装饰图案。

表面模框拟砌块技术适用于厚度为1～3mm的各种表面涂层。当涂层材料较薄、而且材料固结速度较快时，可以使用单层模框。当涂层较厚、材料固结速度较慢时应该使用双层模框。

大面积施工时，模框可由专门厂商使用特制纸板压制来批量生产。纸板厚度需按涂层厚度选择，多使用塑光铜板纸制作。常用的模框多为500mm×500mm（正方形）或500mm×600mm（长方形），模框与模框之间应使用预先制作的接缝纸板连接，端部也应预先制作调整几何尺寸用的特型模框。表面模框拟砌块技术的拟缝宽度通常为10mm，对于特殊的纹样也可以减小到7mm，但必须注意制作模框纸板的质量，防止施工模框损坏。对于大型装饰图案，只能由人工放样、手工刻制模框。类似于套色木刻，也可以刻制套板模框来制作多彩图案。

当使用无色透明的表涂涂料时，拟砌缝的色彩必须由底涂材料的颜色决定。因此，底涂涂料的色彩需要事先加以设计。而使用有色表涂时，可以利用表涂涂料的色彩来装饰砌缝颜色。

表面模框拟砌块技术的施工工序大致如下：

1）整理基层，特别需要注意基层的平整性，对于局部的坑槽、麻面应使用水泥浆修补，并注意消除补痕。

2）涂敷底层涂料，待其干燥固结。

3）张贴模框，并小心地粘贴接缝纸板，端部调整用特型模板。模框张贴顺序以顺长为宜，应留出作业通道供下道工序行走使用。

4）涂敷主层材料。当使用单层模框时，必须注意不得在模框上粘结过多的涂料，以防涂料固结后无法取出模框。

5）使用单层模框时，可在主层涂料稍有强度时取出模框。双层模框如下图8-16所示，由厚纸板做成的主框及表面以压粘胶粘附的薄层面纸组成。使用时可在涂敷主层涂料后立即揭下薄层面纸，将粘附在拟砌缝部分的多余涂料连同面纸一同去掉，并将模框全部露出来，待主层涂料完全固结后再取出主模框。双层模框施工环节紧凑，不必等待取出模框即可施工下一工序。

6）涂敷表层涂料，养护后开放交通。

图 8–16

第九章　铺装景观的运用

第一节　广 场 的 铺 装

城市广场，自从2000多年前在古希腊诞生时起，历来就是人们出行、休憩、交往、集会、观赏、娱乐等活动的重要场所，更是增强、点缀与美化城市公共空间环境的重要景观。星罗棋布的城市广场使城市与街道的布置错落有致，生动无比，在很大程度上体现了一个城市的风貌，是展现城市生活模式与社会文化内涵的舞台。今天，随着改革开放的深入和经济的腾飞，人们的生活方式发生了巨大变化，人们对交往的需求，对参与各种社会生活的要求也越来越高。在这种情况下，广场以其独具特色魅力的空间吸引着广大市民群众。市民把广场视为不仅是消遣、休息之地，也是获取信息、进行交往，甚至是接触社会和学习的一种场所，并以此来实现精神和心理的满足。最近几年，我国的许多城市兴起了建设城市广场的热潮，从城市的领导到普通的市民对此表现出前所未有的巨大热情。这股"广场热"已成为我国经济飞速发展和人民精神生活水平不断提高的明证，也是我国当代社会生活和城市建设中的一种新的文化现象。

城市广场是城市精华所在，被誉为城市的客厅。我们从整体上看，整个城市就好比一幢大的居住建筑，那么街道就是这个建筑的通道，建筑物的室内空间可以相当于各个私密性较强的卧室或书房，能够称得上客厅的就是城市广场了。正如在室内装潢设计中，地面装潢是设计的重点，在城市的空间环境设计中，城市的客厅——广场的地面铺装设计也是非常重要的。纵观我国整个城市广场建设，虽然在满足市民社会活动需要、提高城市环境质量方面取得了一些成效，但由于在城市文化的认知上、价值观念的定位上、环境的规划与设计上、经济基础和管理制度上存在诸多不足，导致城市空间环境建设的滞后。以往广场的地面处理中，经常采用大片光滑、平坦的灰色水泥混凝土路面，或大面积的绿地。前者使人感到枯燥无味，后者往往让休闲的人们在"爱护绿地"的牌子前望而止步，人们还缺乏自由和谐、亲切自然的交往空间。现在，在创建体现城市风貌的广场空间过程中，铺装与绿化相结合的地面景观设计手法越来越受到设计师的青睐，得到广大市民的欢迎。

广场地面精心设计的目的在于强化广场空间的特色魅力，突出广场的性格。因此，广场地面铺装形式、各设计要素的确定应该以广场的功能性质为前提。城市广场的性质取决于它在城市中的位置与环境、相关主体建筑与主体标志物以及其功能等的性质。广场按其主要性质一般可以分为以下几类：

1）集会广场：政治广场、市政广场、宗教广场等

2）纪念广场：纪念广场、陵园、陵墓广场等

3）交通广场：站前广场、交通广场等

4）商业广场：集市广场等

5）文化娱乐休闲广场：音乐广场、街心广场等

6）儿童游戏广场

7）建筑广场

一、集会广场的铺装

集会广场包括政治广场、市政广场和宗教广场等类型。集会广场是一般用于政治、文化集会、庆典、游行、检阅、礼仪、传统民间节日活动的广场。集会广场一般位于城市中心地区，这类性质的广场，也是政治集会、政府重大活动的公共场所，广场娱乐性建筑和设施不多，如天安门广场、上海人民广场等。集会广场中还包括宗教广场，它一般布置教堂、寺庙及祠堂前举行宗教庆典、集会、游行。宗教广场上设有供宗教礼仪、祭祀、布道用的坪台、台阶或敞廊。

集会广场是反映城市面貌的重要部位，因而在广场设计时，都要与周围的建筑布局协调，无论平面、立面、透视感觉、空间组织、色彩和形体对比等，都应起到相互烘托、相互辉映的作用，反映出

中央广场非常壮丽的景观(图9-1)。

由于集会广场的主要目的是供群体活动，所以应以硬地铺装为主，可适当点缀绿化和小品。广场的铺装设计应体现庄重、大方、气派的特点。一般采用明度低，纯度高的色系，简单的大尺度构形。为了加强稳重端庄的整体效果，集会广场的建筑群一般呈对称布局，标志性建筑亦位于轴线上。因此，整个广场的铺装构形亦多采用轴线的设计手法，对轴线的强调使空间具有方向性，形成序列空间，使人容易领会和把握空间，增加了空间的可读性(图9-2)。在材料选择上一般采用质感粗糙，无光泽的材料，以给人朴实、庄严肃穆之感。材料要有足够的抗压强度，良好的稳定性和抗滑能力，应该平整、耐磨、耐久，以满足庆典、游行、检阅等集会活动的要求(图9-3)。可采用石料板材、水泥混凝土板块铺装，但后者的环境艺术功能较差，需对其表面进行装饰处理。为了保证集会广场场地的平坦，在广场的横断面设计中应尽量减少坡度，所以当采用整体性铺装材料时，选择透水式沥青路面会获得非常好的效果，既解决了表面排水的问题，同时又具有良好的吸收噪声和导热功能。

给出一个集会广场铺装的实例。天安门广场是我国最具代表性的政治性广场，于1959年修建完成，为大尺度、气势恢宏的完全开场空间。由于20世纪50年代阅兵时有装甲履带车辆通过，因此广场地面长安街部分采用两种不同的花岗石条石交替排列铺砌，使广场庄严、美观。而集会部分则采用水泥混凝土砌块按网格排列，以便于集会群众可按坐标组织图案。经历了40几个春秋，这种水泥混凝土砌块在抗压、耐磨、防风化等方面性能都已落后于时代，已严重老化、损毁。在广场上，有许多被磕掉了角、磕破了面，甚至整个破损的砌块，北京市市政工程部门维修的速度已跟不上砌块损坏的速度。为了迎接建国50周年，于1998年10月开始对广场地面进行了大规模整修，将原来的铺地材料全部换成耐磨、抗压的天然花岗石石材，铺装面积总计

图 9-1

图 9-2

图 9-3

图 9-4

超过17万平方米。石材寿命要求在50年以上，确保其外观和功能历经半个世纪不过时。

二、纪念广场的铺装

为了缅怀历史事件和历史人物，常在城市中修建主要用于纪念某些人物或某一事件的广场，包括纪念广场、陵园广场、陵墓广场等。广场中心或侧面以纪念雕塑、纪念碑、纪念物或纪念性建筑作为标志物，主体标志物位于构图中心(图9-4、图9-5)。

纪念广场具有深刻严肃的文化内涵，对于此类广场的铺装，应该根据纪念主体和整个场地的大小来确定其大小尺度、构形设计，材料的质感和色彩的选择应确保创造出与主题相一致的环境气氛(图9-6)，多采用象征、暗喻的手法加强整个广场的纪念效果，产生更大社会效益。

例如第三章中介绍过的湛江时代广场，1984年湛江成为第一批对外开放城市，湛江以良港而开放，因开放而发展。为此1996年湛江市以"开放"为主题建成以"时代"命名的城市广场。为了充分体现港口是湛江与海外沟通的要道，上部广场的地台采用100mm × 100mm的广场砖分色拼贴成世界地图，图内用金属钢字标注由湛江港口通往世界著名十大港口的里程，象征着湛江因良港而走向世界的文化内涵，体现了强烈的时代气息。

又如，在南京大屠杀纪念馆祭奠广场上铺筑了一条长40m、宽1.6m的铜版路，每块铜版都是40cm见方，厚6至8mm。每块铜版上都印有一双南京大屠杀幸存者和重要证人的脚印，以及他们亲笔写下的姓名和年龄(图9-7)。这条能保存400年的印着222双或深或浅、或大或小的脚印的铜版路，径直通向"30万死难同胞"纪念墙中央，让参观者的心灵受到强烈震撼，让世人永远铭记中国历史上那令人心痛的一刻，有效深化了广场的主题。

图 9-5

图 9-6

图 9-7

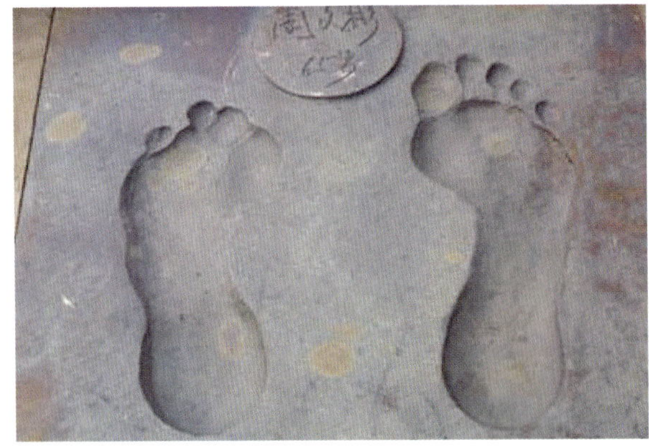

三、交通广场的铺装

交通广场是城市交通系统的有机组成部分，是交通的连接枢纽，起交通、集散、联系、过渡及停车作用，并有合理的交通组织。交通广场有两类，一类是城市多交通汇合转换处的广场，如站前广场；另一类是城市多条干道交汇处形成的交通广场。

站前广场是城市道路系统和交通系统的重要节点，完成市内客运交通与城市对外客运交通的转换。铁路客运站、水运客运站、长途汽车站和航空港等市级客运交通枢纽均需设置站前广场。站前广场作为城市交通枢纽的重要设施之一，它不仅具有交通组织和管理的功能，也具有修饰街景的作用。它是进出一个城市的门户，位置重要，因此对其进行景观铺装设计，可使广场空间与周围建筑有效呼应、配合，能丰富城市的景观风貌，给过往旅客留下深刻、鲜明的印象。更重要的是，可充分利用铺装景观的交通功能解决复杂的交通问题，发挥交通广场的首要功能，即合理组织交通，包括人流、车流、货流等，确保广场上的车辆和行人互不干扰，满足畅通无阻、联系方便的要求(图9-8)。

站前广场是城市交通中最繁忙的节点，交通转换频繁，为了便于快速集散，广场都是大尺度的开放空间。为了确保安全，要尽量避免高差变化。由于广场交通种类繁多，且各种交通的交通量都很大，为了减少不同流向的人、车混杂，或车流交叉过多，相互干扰，使交通阻塞，可采用不同的地面铺装分割车流和人流，疏导交通。人流空间和车流空间之间可以通过高差、隔离墩、绿化带等手法加强边界界定，增强安全感。人流集散空间多采用石料板材、水泥混凝土预制砌块等材料铺装，可利用不同的材料、铺装形式划分出进站人流和出站人流通道。也可以利用材料变化，配合绿化，采用下沉的设计手法，分割出尺度宜人的休息空间。对于车流集散空间，铺装材料必须具有足够的强度、刚度和良好的稳定性、抗滑性，多采用经过表面工艺处理的水泥混凝土板块类材料。应该分别划分出进口、出口、客运、货运车流通道。也就是说，站前广场的铺装设计应该形成合理的路径，诱导、疏散交通。在色彩设计应考虑与周围环境协调，色彩不易过杂，以一种或两种为主较好，以避免给人们带来烦躁不安的心情。而铺装构图应采用大尺度的简单设计，以突出广场空间的开敞性(图9-9)。

另一类城市干道交汇形成的交通广场，也就是常说的环岛，一般以圆形为主，由于它往往位于城市的主要轴线上，所以其景观对形成整个城市的风貌影响甚大。因此，除了配以适当的绿化外，还应对其进行铺装。铺装构形多采用发射形式，考虑行车速度的影响，为满足视觉特性，构形应简单。色彩应鲜明，吸引人们注意。可采用石料板材或地面砖等材料。有时，环岛中央还设有重要的标志性建筑、雕塑或大型喷泉，有效的美化了城市街道环境(图9-10、图9-11)。

四、商业广场的铺装

商业广场是城市广场中最常见的一种。它是城市生活的重要中心之一，用于市集贸易和购物。商业广场中以步行环境为主，内外建筑空间相互渗透，商业活动区相对集中。商业广场大都位于城市的商业区。商业区一般位于城市核心或区域核心，它的布局形态、空间特性、环境质量以及所反映的

图 9–8

图 9–9

图 9–10

文化特征都是人们评价一座城市最重要的参照物，而商业广场则是商业中心精华所在，人们可以在此观察到最有特色的城市生活模式。

商业广场一般位于整个商业区主要流线的主要节点上，如开端、发展、高潮、结尾。广场中设置绿化、雕塑、喷泉、座椅等城市小品和娱乐设施，使人们乐在其中。而地面铺装景观设计则让整个广场更具吸引力，不但形成专用的步行空间，美化空间环境，给人以安全感和舒适感，而且能够使空间具有一定的导向性，引导人流向某些设施前进，并使人在空间中能随时确定自己的方位以及自己与目标设施的距离，满足人们心理上对场所感的追求，让人们充分享受“城市客厅”的魅力(图9-12)。

图 9–11

商业广场的铺装风格应与周围环境协调统一，尺度应符合人体尺度，材料质感应光滑细密，突出其精致、高雅、华贵，且尺度感较小，但同时要注意防滑问题。一般采用砌块类材料，并利用砌缝解决防滑问题。铺装色彩应多样化，以浅色、明快色和暖色为主，以突出广场繁荣热烈的商业气氛。因此色彩鲜明亮丽的表面涂敷路面也是一种比较好的选择。商业广场铺装图案应该多样化一些，同时要注意远景视和近景视效果，给人以更大的美感。如可运用直线形成方格式构图，有效改变空间尺寸，运用曲线避免构图上的单调，使空间更丰富，具有活力。但是，追求过多的图案变化也是不可取的，会使人眼花缭乱而产生视觉疲倦，降低了注意与兴趣。这是因为人的审美快感来自于对某种介于乏味和杂乱之间的图案的欣赏，单调的图案难以吸引人们的注意力，过于复杂的图案则会使我们的视觉系统负荷过重而停止对其进行观赏。所以在构图设计中应充分考虑这一点，恰到好处的营造充满生机的城市商业空间环境(图9-13)。

图 9–12

图 9–13

五、文化娱乐休闲广场的铺装

任何的传统和现代广场均有文化娱乐和休闲性质，尤其在现代社会中，文化娱乐休闲广场已成为广大民众最喜爱的重要户外活动场所。它可以使民众在工作之余有效地缓解精神压力和疲劳。现代城市中应当有计划的修建大量文化娱乐休闲广场，广场位置可以位于城市中心区，可以位于居住小区内，也可以位于一般的街道旁，以供人们休憩、游玩、演出及举行各种娱乐活动。这种广场是最使人轻松愉快的一种，与集会广场、纪念广场的庄严肃穆有很大不同，人在其中可以"随心所欲"。它不象前几类广场有一个中心，所有要素都为此中心服务。文化娱乐休闲广场可以是无中心的、片断式的，即每一个小空间围绕一个主题，而整体是"无"的。

对于一些大型文化娱乐休闲广场的铺装设计，可以先运用轴线的引导、转折、延伸和轴线的交织等手段建立空间秩序。为突出主景效果，可将中轴线上的地面铺装与其他地面铺装在色彩、构图、材质上加以区别，在中轴线设置一些景观节点，使其景观跌宕起伏，层次多变，增加广场的向心力、凝聚力。然后，可以通过地面高低变化、边界、构形、色彩、材质的变化，配合绿化、水景等手段限定划分空间界限，将广场划分为若干主次分明、大小各异的空间场所，为人们营造一个个温馨的放松、休憩、游玩的小空间。每个小空间可以运用重心、符号等手法创造不同的主题，使空间环境尽量丰富，活动内容尽量复杂，以满足不同年龄、职业、文化层次人群的需要(图9-14、图9-15)。

图 9—14

图 9—15

一般来讲，儿童喜欢活泼、欢快的气氛；青年人喜欢浪漫、充满遐想的意境；中年人喜欢温馨、高雅的气氛；而老年人则多以宁静、安全的气氛。因此，铺装色彩的选择应为营造这些不同人群所要求的空间环境而服务。铺装构形可以影响人的心理和行为，大型文化娱乐休闲广场的铺装构形应根据不同的功能分区采用形式多样的设计。例如，连续的点、线、长方形图案具有有向性，可以用于进行方向转折的地段，以对人的活动产生指示作用；方形、六边形重复排列的图案不具有明确的方向性，稳定而安宁，而圆形、曲线形形成的发射构形则具有向心性和趣味性，易于引起人们的注意。尽管色彩和构形的选择因空间功能而异，但尺度的选择都要符合人的环境行为规律及人体尺度，这样才能使人乐于其中。而且大多运用质感粗糙的材料，既具备很好的防滑功能，又使人感到朴实亲切、自然随意。这类广场大多采用砌块类材料进行铺装，而表面涂敷路面可以做成各色装饰性图案，也是一个很好的选择。

图 9—16

此外，还可以运用文字、符号、图案等手法增加空间的文化内涵(图9-16)。将铺地、绿化、水景、雕塑、装饰照明、各类小品等有机配合，精心设计，增强环境的可视性、可读性和可观赏性，体现个性魅力。例如采用模糊性边界，让铺地与草

图 9—17

地、水面一平，可以充分接触自然、享受自然，突出可持续发展的生态原则。又如铺地上直接喷水，使空间充满动感和活力，体现时代气息(图9-17)。

需要注意的是，为满足不同人群的需要将广场划分为若干空间，但仍要保证广场空间的整体性。因此，为了避免空间零乱，常会采用呼应、对比、统一、重复等设计方法，使整体空间协调统一，且又丰富多彩。

在我国近年建设的大型文化娱乐休闲广场中，青岛音乐广场是较为突出的一个。其设计以绿化、音乐、休闲、娱乐为主题，融文化、观光、购物于一体，是一处独特的、具有全新理念的文化广场，也是目前我国最大的音乐广场。广场占地约36000m²，其中硬化铺装面积12000m²，绿化面积约24000m²，海岸长度300多米。广场整个平面构形为不对称式，南面的椭圆广场与北侧的偏心圆广场为构图焦点，且二者由三排梧桐组成的树阵相连，形成人们散步、休闲的林荫道，构图颇具旋转动感及视觉张力。其余几块绿地依次分区，层次清晰，符合音乐广场作为娱乐、休闲及文化活动的性质定位。地面铺装以花岗石火烧板为主，辅以马牙石嵌草铺装，细部有乐器图案设计，有效突出了广场主题。为强调其独有的海滨特色，形成“观景”与“景观”的双重效果，在沿海岸线部位最宽处特别突出40m的铺装景观，点缀花坛形成良好的观景及步行区域，同时也有很好的防海浪因素，成为人们驻留、活动及观景的好场所。

在现代城市中往往还会因地制宜，在居住区内、生活性的街道旁修建一些小型的休闲娱乐广场(图9-18)。这种小尺度的休闲广场更加温馨，使人们可以看到和听到他人，在小空间中，细部和整体都能欣赏到，因此对铺装的要求也就更高。广场多反映一个主题，可运用重心的手法强化视觉效果，发射构形可吸引人们的注意，无方向感的方格网构形让人轻松随意，而蕴含文化特色的整体构形则不但增添空间的整体感，更使空间具有趣味性和可读性。由于空间较小，色彩不应过杂，应体现清新亮丽的自然风格，给人舒适愉快的感觉。材料的选择要注意防滑问题，以儿童、青年人活动为主的广场可选择具有动感和自由活泼气质的不规则纹理的材料，而以中老年人活动为主的广场则应该选择可以形成一定秩序性的规则纹理的材料，产生一种稳定感和节奏感，符合中老年人的心理要求。

如图9-19所示，这是一个位于居住区内的小型休闲娱乐广场。铺装景观的不同色彩划分出不同的使用空间，并以聚焦的发射形铺装形式强调了广场中主要的使用功能，加强了广场空间的视觉中心。

六、儿童游戏广场的铺装

儿童游戏广场的产生与发展是随着城市和居住区建设的不断完善，而逐渐形成的一种新型广场设计形式。一些发达国家较早重视和关心儿童游戏广场的建设，在规划、立法等方面都有规定。1924年《日内瓦儿童权利宣言》第七条明确说明：“儿童有享有游戏和娱乐充分机会的权利，各种游戏和娱乐必须与教育保持同一目的，社会和主管机关必须为促进儿童对这种权利的享有而努力。”1993年国际建筑师大会通过的《雅典宪章》中要求，在新建住宅区内，应预先留出空地作为建造公园、运动场及儿童

图 9—18

图 9—19

游戏场之用。

儿童是国家和民族的未来和希望，儿童人数占市区总人口的30%左右，他们在户外活动率，春秋季每天48%，夏季每天为90%，冬季每天为33%。儿童游戏广场为儿童提供了户外活动场地，使儿童有自己活动的小天地，有利于儿童的身心健康和智力开发，满足儿童活动与互相交往的心理要求，儿童广场的设置和设计是人民群众生活基本需要。

儿童游戏广场的铺装要平坦，不易有高差变化。色彩设计中一般不采用纯度过低色，这样会给儿童造成心理上的压抑感。应该多采用纯度较高、明度较高的颜色，如浅黄、浅红、浅蓝、浅绿等，使空间充满清新、明快而活泼的视觉效果。可同时使用几种鲜明亮丽的色彩，形成明显的对比效果，构成一个充满丰富想象的空间。平面构形应活泼、富于变化、采用小尺度设计，可多考虑运用点、曲线、曲面设计构图，符合儿童的心理特点。可以运用符号、文字、图案等手段进行细部设计，如利用小砌块拼成文字、图案，或辅以带有动物、植物、卡通人物的彩绘地砖，或运用表面涂敷技术在地面上直接做成各种图案，这都可以有效增强空间的趣味性与可读性，有利于儿童的智力开发与身心健康。此外，应该充分考虑安全性能，选择硬度小、弹性好、抗滑性好的材料，如橡胶砌块、人工草坪等，以避免儿童玩耍时跌倒受伤(图9-20)。

七、建筑广场的铺装

巨型或超巨型非公共性建筑周围也设置较大的广场，既用以疏导集散出入建筑的人流，又用作陪衬建筑主体的“底板”。其大小依据通行人数多少、建筑空间体量大小和其他空间环境艺术要求确定。这类广场铺面对色彩、质感、纹理、构形要求较高，并应与主体建筑形成和谐统一的艺术环境。作为景观铺装和建筑设计的重要组成部分，我们称这类广场为建筑广场(图9-21、图9-22)。

如图9-23所示，这是日本大阪水族馆铺装设计效果图。简单的方格网式构图由于丰富的色彩组合而产生多姿多彩的变化，与建筑风格协调统一，使整个空间充满神奇色彩，饶有兴趣，耐人寻味。

以上我们研究了各类广场的铺装特点。而在现代城市中，有时一个广场往往会兼具市政、商业、文化休闲等数种服务功能。这种综合性广场具备更大兼

图 9—20

图 9—21

图 9—22

图 9-23

容性和灵活性，产生良好的经济、社会、环境效益，适应城市发展需要。对于这类广场的铺装，应该根据实际情况，结合前面介绍的各类广场的铺装特点进行综合考虑，精心设计，以满足其实现各种功能的要求。

此外需要强调的是，在广场铺装设计中，广场边缘的铺装处理是非常重要的。广场与其他地界如人行道的交界处，应有较明显分区，这样可使广场空间更为完整，人们亦对广场图案产生认同感；反之，如果广场边缘不清，尤其是广场与道路相邻时，将会给人产生到底是道路还是广场的混乱与模糊感，如果是与交通性道路相邻时，还会使人产生不安全感。因此应该加强广场空间与其他空间的边界界定，可以通过改变边界区域的铺装色彩、材质、构形或改变标高、设置隔离桩、缘石、绿化带等方式强化区域边界，增加场所感。

第二节　商业街的铺装

商业街在城市街道中占有一定的比例，在现代城市中占有重要的地位。第一，商业街是社会商品价值实现的重要场所之一，直接影响着社会经济的正常运营，体现着地区和城市商品经济发展的水平；第二，商业街是居民购买力实现的重要场所之一，不仅为本市居民提供生活服务，还要接待大量国内外顾客；第三，商业街是城市居民社会交往的重要场所之一，有助于社会的信息传播和交流，促进社区的稳定和团结；第四，商业街是体现城市文化的重要窗口之一，一方面展示着城市商业文明的独特传统，一方面又表征着城市当代经济生活的面貌和特色。在现代城市中，根据商业街的空间形态，一般可将其分为地上商业街和地下商业街两大类。

一、地上商业街的铺装

作为市民接触使用最频繁的开放空间，现代中心区中的步行商业街在公共休闲空间中有其得天独厚的优势。步行商业街是以步行交通为主的商业街，它的出现给城市带来了许多新的生机。

步行商业街建设源于欧洲，德国、丹麦、荷兰最早推行“无交通区(Traffic Free Zone)”概念。1922年德国埃森市针对中世纪形成的商业街空间狭小、交通混乱状况，在“林贝克”大街(Limbecker Street)禁止机动车通行。1930年建为林荫大街后商业获得成功，成为现代步行商业街的雏形。60年代以后，随着私人小汽车爆炸式增长，欧、美各国城市面临日益严重的城市问题：交通混乱、步行者安全受到威胁；空气质量下降、环境受到污染；中心区特色丧失，吸引力下降、逐渐衰退。为了摆脱这种困境，城市规划师及社会学家们从欧洲早期步行商业街的发展得到启示，步行商业街成为复兴城市中心区的良策。

在我国，近年来由于机动车辆日益增多，人的步行空间被挤占得越来越少，人们在人车混杂的商业街上，无法安心购物，精神紧张，没有安全感，更无从谈起舒适。为了改变这种局面，达到振兴商业的目的，步行商业街的建设在我国得到了空前发展。这些新建或改建的步行商业街多数选在传统的商业街区，对继承城市传统生活方式，保护古建筑、改善城市环境等，都起到了重要作用。步行商业街提供了完善的街道家具与丰富的景观设施，集购物、娱乐和休闲为一体，把生活中必要的购物活动变成愉快的休闲享受，不仅实现物质消费带来的物质满足，而在公共空间和丰富的街道生活中实现了精神上地满足。

地上商业街根据其不同的交通组织方式可分为完全步行商业街、半步行商业街和公交步行商业街三类。下面我们就来分别研究它们的地面铺装特点。

1．完全步行商业街的铺装

完全步行商业街是在步行街中人、车完全分离，禁止车辆进入。可分为无拱顶型和有拱顶型。

(1) 无拱顶型

无拱顶型完全步行商业街是最受广大市民欢迎的步行空间之一。目前，我国此类商业街往往是选择传统商业街进行改造，成为新的步行街，把原来商业街上的车行交通移到附近的城市道路上，使步行的环境要求同交通方便要求都能得到保证。

从居民的消费特点和活动规律来看，有特色的步行商业街可以吸引居民出行，从而导致消费，提高商业区的优势，带动地区经济发展，激发都市活力。铺装景观设计是步行商业街设计中非常重要的一个方面，采用不同手法进行铺装设计可以有效改善商业街的环境，使其更具人情味和魅力特色(图9-24、图9-25)。总的来说，无拱顶型步行商业街的铺装要求是：安全、舒适、亲切，具有方位感、方向感、文化感、历史感和特色感。

由于步行商业街中人流密度较大，不易发现地面的高差变化，因此地面铺装要平坦，尽量减少高差的变化，地面不得已有高差变化时，应做明显的标志，如铺装色彩、材质的变化。地面铺装材料的选择应考虑雨、雪季防滑的问题，采用表面质感粗糙、透水性好、耐污染性强、清扫方便的材料。易于施工、维护的砌块类材料是较好的选择(图9-26)。在步行商业街中，铺装尺度要亲切、和谐，使人们感受到自然，可以与空间环境对话，完全地放松和随意。铺装色彩要注意与建筑相协调，由于各家店铺立面设计五花八门，因此可以采用一种有统一感的主色调铺装强化街道景观的连续性和整体性。而细部色彩设计要亮丽、富于变化、生动活泼，以体现商业街生机勃勃的繁华景象。

现代城市的步行商业街与传统的商业街相比较，要求有更多的功能、更丰富的内容。人们除了仍旧依恋于熙熙攘攘的街市之外，还希望有一些供观赏、休息、娱乐的场所和设施以及社交活动的场所。对步行空间的要求也绝非简单的一条狭街走到头的基本格式，而是希望能有适应功能要求的空间变化。因此，现代步行商业街的空间大体可划分为流动空间、集散空间和停留空间。铺装景观设计是分隔空间最简单、最有效的方法，可以带给人方位感与方向感。流动空间是组成步行环境的主要骨架，是铺装设计的主体部分，应产生一种节奏感来引导人流，而最简单的节奏就是不断重复。集散空间是步行街出入口或大型商业服务、娱乐休憩设施附近处为人流进出、交汇服务的空间。在步行街的出入口可以以地面铺装的方式设置地标，暗示商业街的端头位置(开始或结束)(图9-27)。在大型商业服务、娱乐休憩设施附近处采用不同构形、色彩、

图 9–24

图 9–25

图 9–26

图 9–27

图 9—28

图 9—29

材质的铺装，以突出其作为重点购物活动或娱乐活动场所的中心地位，吸引人们的注意(图9-28)。停留空间主要是为人流暂短停留休息而提供的空间。可以通过树木围合，地面铺装的变化划分出界限，其中设置座凳和垃圾桶，强化空间的场所感(图9-29)。较大型的停留空间还可以作为进行餐饮、聚会、交谈、信息交流等活动的场所，除了精心设计地面外，还可以布置绿地、水景、雕塑等以休息、观赏为目的的设施和其他服务性公共设施，活跃步行街的环境气氛。

例如，在素有“中华第一街”美誉的上海南京东路步行商业街改造工程中，最大的可发挥空间即是地面的铺装处理及景观设计。步行街地面设计是在中外设计师协同合作的基础上，以法国的“金色地带”(Golden Line)(简称“金带”)的构思方案为基础，结合活动及环境实际情况进行了深化与细化设计，象征性、标志性及简约性设计原则体现在各个层次及细部的设计中。具体做法是，在南京东路路中线以北布置一条4.2m宽的“金带”，以此为核心，限定动、静两种活动的不同区域。凡在“金带”以外的两边范围属于流动性区域，尽可能进行中性化处理，简洁明了地形成开敞流动的空间。而“金带”则设计为静态休息区域，设计提供充足完备的服务设施、建筑小品，如问询处、电话亭、售货亭、垃圾箱、路灯、座椅、花坛、雕塑及广告牌等。地面铺装以简洁洗练为原则，均采用花岗石板材，根据不同活动分区的功能及行为特点，分为四种类型：

金带：结合静态活动特点，地面铺设600×1200×60(mm)的印度红花岗石。铺装色彩强烈、表面光亮，尽现流光溢彩。“金带”南侧是7m宽的观光、礼宾车道，车道南侧排列一排地灯，起到提示与界定作用，地灯以南及“金带”以北各设一条雨水边沟，地面留15mm缝隙汇集雨水，整个地面不设高差。

步行流动区：地面铺设600×600×60(mm)灰色火烧花岗石，每间隔4.2m铺设同质打磨石板，以起到提示与醒目的效果。

交叉口：南京东路与南北向道路形成若干个机动车辆通行的交叉口，“金带”在此处需间歇中断，路面铺设花岗石，形成“石块路面”。其标高与步行街取平，以此来提示过往车辆减速慢行，以步行者为先。交叉口车行道与步行街的分割处设有间距3m、直径600mm的花岗石球形路障，并辅以地灯照明提示。

广场：作为停留休息空间的广场地面铺装以毛面花岗石为主，在此基础上采用磨光花岗石打格，使整个广场既具有统一感，又显得端庄大方。

南京东路步行商业街根据人们活动的基本功能进行整体规划设计，无论是各层次空间的组织、地面铺装、街道家具与环境小品的设计还是公共服务设施的布置都基本满足了人们的活动需要，形成了具有艺术性和审美情趣的整体环境效果。步行街建成后，南京东路的吸引力明显增加，产生了较好的社会效益、经济效益和物质环境效益。成为最受市民欢迎的休闲、购物、旅游、餐饮、娱乐、以及进行商务活动和社会交往的理想场所(图9-30)。

地面铺装是步行商业街景观的一个重要内容，铺装设计应具有可观赏性和可读性，适应人们的审美要求，强化空间环境文化内涵，使人们在观景的过程中，与文化进行交流，与历史进行对话，受到传统文化的熏陶。

例如，蕴含着浓郁文化韵味的江汉路步行商业街地面设计。在武汉人眼里，江汉路不仅仅是一条路，而是一段历史，一段记录着武汉百年风云的历史。在武汉人的心里，将江汉路改造为步行街，不仅仅因为她是一条繁华的现代商业街，更因为她的繁荣与衰败、古朴与现代、沉重与自豪，她的每一寸土地所蕴含着的历史风雨。因此，在步行街改造过程中，决策者们提出了一个大胆设想——用石头"铺"出江汉路的悠悠韵味(图9-31)。

石头的颜色是铺装效果成败的关键。步行街的主路段设计采用中性偏暖色调，重型步道采用骆驼红，其他则采用进连红。这样温暖的色感，将通过材料的不同质感来表现光与影的变化，使江汉路充满温馨与活力。步行街的"大门"取名"回归广场"，以进连红和瑞青石"工"字形铺砌为主，从沿江大道开始色调由黑到红、由深到浅、由冷到暖，让人一步步地感觉到江汉路热烈的气息。黄陂街节点被看作是江汉关的延续，因此它被设计为开屏的孔雀，以瑞青石扇形铺砌，继续表现出热烈的气氛。走进以瑞青石和芝麻白为主色，以金花米黄为点缀的鄱阳街节点，人们会仿佛置身在老武汉的旧巷子里，怀旧情结油然而生。在花楼街节点，瑞青石的

图9-30

“田”字铺装，喻意“田园”，再配上轻巧的廊道，精美的柱子，使人产生一种回归自然的感觉。江汉一路新生广场的构思匠心独具，骆驼红、进连红配上兰麻和印度红，并点缀以印度白，呈放射状层次铺开来，让人看到一种银瓶乍破、凤凰涅后新生的形象。江汉二路节点以芝麻白、印度白、金花米黄为主铺装出武汉市市花——梅花，取梅花盛开时的美丽寓今天江汉路的兴旺。而芝麻白、金花米黄、芝麻灰三色的巧妙组合，则自然地表现出江汉三路节点的主题——日月同辉。

图 9–31

图 9–32

图 9–33

在我国存在着许多拥有百年历史的商业街，对其进行改建设计一定要遵循尊重、继承和保护历史的原则，在地面铺装设计中应该尽量挖掘商业街的历史文化内涵，广州市北京路步行商业街改建就很好地注意了这一点。为了改善北京路步行商业街购物环境，广州市、区有关部门组织重新铺设步行街路面。在路面整饰过程中，相继挖出了民国、明、宋、南汉、唐五个朝代的11层路面及相关遗迹，证实了北京路的悠久历史和深厚文化含量。于是，有关专家重新修改整饰方案，确定了千年古道 北京路的保护方案，将这些考古发现罩上钢化玻璃箱并配以灯饰分两个片区向游人展示。北坑展示区位于市青年文化宫门口，保护范围长30m、宽3m，主要向市民展示一层明代石路面(第2层)及两层宋代砖路面(第3、5层)，其他路面由于保存状况不好，将进行保护性回填。南坑展示区位于西湖路口、广百门口路段，保护范围长10m、宽3m，主要向市民展示宋代拱北楼基址等。“拱北楼”最早建于唐代天佑3年，当时取名“象阙”，俗称清海军楼。宋淳佑4年时被改为“双门”。明洪武七年，重建并改名“拱北楼”。1918年，广州市拆城建路，拱北楼因妨碍交通而被拆除。广州市北京路步行商业街路面整饰工程因地制宜地将千年古道展示于世人，突出了北京路深厚的历史文化底蕴，提升了其历史文化品位，是我国步行商业街改建工程中一个比较成功的范例(图9-32)。

此外，步行商业街的地面设计还应该充分体现个性化原则，营造其独有的魅力特色。铺装材质的精心挑选、色彩的精心设计，会使地面与街道整体环境气氛相协调，可以强化街道的个性形象。同时，不同色彩、质感的材料经过设计、按一定的形式拼接、组合，同样可以创造其个性化形象。例如，德国的卡尔伏尔步行商业街有许多17、18、19世纪建造的山墙临街式房屋，为与购物大街的豪华气氛相协调，卡墨尔(Kammerer)和贝尔茨(Belz)设计了建于1978年的临街走廊，地面用的是镶有名贵青铜花饰的地板，展示了19世纪的独特风格。前面介绍的上海南京东路步行商业街运用以上海各时期代表性建筑为主题的度身设计的窨井盖，向人们展示了上海的建筑特色。位于成都市区腹心地带的春熙路是商贸业极为发达的成都最具代表性、最繁华热闹的商业步行街。改造后的春熙路在现代商业和城市文脉的叠加中，成为一件精巧的公共艺术作品。铜质浮雕与仿古地砖铺就的道路传承着这座城市独特的文化气质(图9-33)。而被誉为“金街”的天津和平路步行商业街，自1902年开街至今，以百年的繁华和世纪的风范，吸引着中外游客，是闻名遐迩的旅游胜地，购物天堂。在步行街改建整饰过程中，路口处采用铜制“铺砖”和磨光花岗石板材进行细部设计，显得雍容华贵。整个铜制“铺砖”为一个古钱币造型，具有很好的远景视效果，细部刻画运用传统的雷纹回旋图案、大小不一的古钱币造型以及“和平聚宝”的字样，反映了中国古老的传统文化特色。过往游人都会不由自主地在上面停留，踩一踩，踏一踏，沾一沾她的平安与财运。这个细部设计打破了原有地面铺装的单调效果，更具吸引力，增加了趣味性和可读性，强化了人们对街区的印象，体现了设计者独具匠心的创意(图9-34)。

(2) 有拱顶

有拱顶的步行商业街是采用玻璃拱廊将街道覆盖起来，既可享受室外空间的开阔感和充足的阳光，又带有很多室内空间的特征，噪声小、私秘性好、安全、干净。这种步行商业街介于室内空间和室外空间之间，铺装设计必须注意这一点。由于其他界面功能更为重要，地面铺装易简洁明快，衬托出空间气氛。多采用明度高、纯度低的浅色调，色彩搭配不应过杂，简单明了为好。因为不会受到雨雪天气的影响，可以应用表面质感光滑的材料，以突出商业街的华贵气氛(图9-35、图9-36、图9-37、图9-38)。在路口、转弯等处可以设置地面标志来引导人流。有些大型的带拱顶步行商业街还会将树木、花草和流水引入其中，可以将这部分的地面进行精致的细部设计，为游人划分并营造一个温馨宜人的休息空间。

2. 半步行商业街的铺装

半步行商业街是以时间阶段管制机动车进入区内，在时间上分为“定时”和“定日”两种。例如，每日晚6点至10点或周末、节假日期间禁止机动车通行，实行步行商业街。这种商业街一般采用一块板的断面形式，两侧留有较宽的人行道。为了确保平日机动交通的正常运行，车行道的路面铺装要满足道路面层的技术要求，为突出商业街的繁华气氛，可采用彩色沥青路面设计，但不宜采用较浓烈的色彩，应衬托和强调两侧的人行道与建筑立面设计。

图 9-34

图 9-35

图 9-36

人行道铺装的色彩选择应注意与两侧建筑相协调，可采用一种较为醒目的主色调来强化商业街的连续性和整体性。多采用表面质感粗糙、抗滑性好的砌块材料进行铺装（图9-39、图9-40）。

3．公交步行商业街的铺装

公交步行商业街是禁止普通车辆通过，只允许公交车通过。由于限制了通行车辆的类型，使商业街的机动车交通量大大降低，仅保留少量的公交线路，既确保了行人对商业街的优先使用权，又便于搭乘（图9-41）。对于这种商业街的铺装，可以采用一种统一的颜色、材料铺设公交专用道，固定线路，使其不妨碍行人。也可以利用高差、边界处理限定划分出行人活动空间。还可以不进行空间划分，而是整个街道采用块石、小方石进行铺装，从而大大降低公交车车速，提高安全性，让行人随心所欲、自由自在地休闲购物（图9-42）。这种铺装在欧洲的一些城市较为常见，配合街道两侧古老的砖石建筑，蕴含着一种传统的文化气息，达到完美的和谐和统一。

二、地下商业街的铺装

地下商业街最早发源于日本，经过几十年的建设，其以规模之大，城市功能之强和购物环境之优，受到日本国民的欢迎，并享誉世界。近年来，随着我国大规模的旧城改造和新城建设进程的加快，城市空间立体化拓展成为一种必然趋势，大城市地铁建设的快速发展同时带动了地下商业街的蓬勃发展。目前，地下商业街已经成为我国大城市商业空间的一种重要形式，尤其是在寒冷地区和炎热多雨地区，其不受气候条件影响的方便舒适的购物环境对广大消费者具有更强的吸引力。

图 9—38

图 9—39

图 9—37

图 9—40

由于地下商业街缺少与外界地面人工和自然环境的联系，人们对地下商业街的主观评价只取决于其内部环境的优劣，这将最终影响到地下商业街的使用价值和综合效益的高低，因此对地下商业街内部环境设计提出了更高要求。作为设计的一个重要内容，地下商业街的地面铺装设计应该力求创造安全感、舒适感、整体感、宽敞感以及方向感。

地面铺装要平整，铺装材料应具有防滑、耐磨、防潮、防火、易清洁的特点，多采用水磨石或地面砖铺砌(图9-43)。由于在地下商业街中，丰富多彩的店面和花色繁多的商品占有重要位置，因此地面设计应注意保持统一的格调和色调，简洁明快，以强化空间的整体感，创造出轻松舒适的氛围。一般采用明亮淡雅的暖色调，既可以带给人们一种温暖干燥的心理感受，又会使空间显得更大、更宽敞(图9-44)。而采用单色铺装，为避免单调感，可在大面积单色的基础上加一些异色连续性的富有韵律感的图案。例如，重复的方格形图案可以增强空间的整体感与稳定感。又如，斜线的动态和运动感能够引起人们的注意，运用斜向图案有助于强化空间的宽敞感，而运用彩绘地砖则可以提高观赏价值，丰富视觉感受，而且它们都可以给人以方向感，能够对人流起到导向的作用。

此外，地下步行商业街常常会在主要出入口的门厅、通道的十字或丁字交叉点或通道的端头等处组织一些供顾客休息的空间，以减轻由于通道过长而产生的枯燥感，同时对改善购物环境有很好的作用。对于这些休息空间的地面铺装要进行精心的设计。例如，可以运用天然材料，如卵石、木砌块、不规则石料等材料与流水、植物等自然要素相配合，营造出一个充满自然气息的温暖舒适的休息空间，会给人们留下深刻印象，吸引人们停留欣赏，甚至该休息空间还会成为整个地下商业街的一个重要标志(图9-45)。

图 9-42

图 9-43

图 9-44

图 9-41

图 9-45

第三节 居住区道路的铺装

近年来，随着社会经济的发展，综合国力的提升，人们物质和精神生活需求的提高，对住宅建设提出了越来越高的要求，已从最基本的生理需求、安全需求逐步向高层次的社交需求、休闲需求和美的需求转变。在这种情况下，房地产经营理念也随之发生改变，概念地产(主题地产)开始出现，如景观主题地产、环保主题地产、文化主题地产、休闲主题地产、智能主题地产等，房地产营销也从单纯的卖楼盘转向更多地关注环境和文化，倡导社区新的生活方式。人离不开社区、社区文化环境的形成是必然的。因此，纵观楼市的风云变幻，我们可以发现居住区内的环境景观是永恒的主题。如今，居住区的景观环境愈来愈受房地产发展商和居民的重视，同时现代居住区环境景观与传统相比，出现了强调环境景观的共享性、文化性、艺术性等新趋势。这种良好的环境景观在居住区中发挥着重要作用，现代都市人生活繁忙而琐碎，家园便是最好的精神归宿，一半甚至三分之二的时间都花费在住区中，居住区良好的环境景观可以直接影响到人们的心理、生理以及精神生活，可以有效地规范人的行为、熏陶人的道德、启迪人的灵感，有利于人的素养提高和人与人之间的交往相处以及信息传递等(图9-46)。

而道路是居住区的构成框架，一方面它起到了疏导居住区交通、组织居住区空间的功能，另一方面，好的道路设计本身也构成居住区的一道亮丽风景线。居住区道路不能象城市道路那样四通发达，畅通无阻，而应视为居住空间的一部分，不仅关系到居民日常出行行为，而且与居民的邻里交往、休息散步、游戏消闲、认知定位等密切相关。目前国内对居住区道路进行规划时，基于交通集散的思想习惯上将其分为四个等级布置：居住区级道路，相当于城市次干道或一般道路，一般均与城市干道或次干道相连；居住小区级道路，是联系居住区内各组成部分的道路；居住生活单元级道路，是居住生活单元内的主要道路；宅前小路，则是通往各单元及各户的门前小路。

居住区道路对居住区的空间环境具有重要的影响，道路的布置应该充分利用区内的自然状况，结合楼宇分布，借形取势。为了充分体现"以人为本"的设计思想，居住区道路一般按使用功能划分为车行和步行两个系统，可以通过不同的路面铺装进行有效的空间界定。为了减少机动车对居住区宁静、安全环境的影响，小区级和居住生活单元级道路等车行道路可以有意识地采用曲折的线路，迫使机动车减速，同时又可以丰富街道景观。机动车道路面一般由混凝土、沥青等耐压材料铺装，而随着人们对居住区景观环境的要求越来越高，沥青类整体性景观铺装材料或经过表面处理的水泥混凝土板块类景观铺装材料将会得到广泛应用。一些车行道也可以采用块石、小方石、混凝土砌块等坚固、耐磨的材料铺装，形成粗糙的道路表面，有效降低车速，提高安全性(图9-47)。

居住区人行道的铺装设计过程就是创造一个以"人"为主体的，一切为"人"服务的空间的过程。路

图 9-46

图 9-47

面铺装应与居住区整体风格融合协调，通过它的材质、颜色、肌理、图案变化创造出富有魅力的路面和场地景观(图9-48)。铺装材料以砌块类材料为主，色彩应生动活泼、富于变化。一个小区可以采用同一组色彩进行设计，同时要注意配合小区的整体格调，这样可以建立一种良好的空间秩序，使人们漫步在人行道上，通过地面铺装色彩的变化即可感知到空间的转换(图9-49)。铺装图案应充分利用点、线、面的变化，突出方向感与方位感，限定场地界限，不但有利于来访客人辨识定位，也给居民一个清晰的、属于自己的空间领域，使居民对自己的居住环境产生认同感，对自己的居住社区产生归属感(图9-50)。此外铺装图案还强调具有趣味性，可观赏性，小而宜人的尺度，使人们乐在其中，轻松愉快的漫步、交往、嬉戏、观赏景色，享受生活。

在此还要强调的是宅前小路是居住区步行系统的重要组成部分，我们有必要对道路的平曲线、竖曲线、宽窄和分幅、铺装材质、绿化装饰等进行综合考虑，以赋予道路美的形式。宅前小路通常采用石料板材、碎拼石材、块石、拳石、卵石、木砌块等自然材料铺装而成(图9-51)。其与取材自然的路牙、路边的块石、休闲坐椅、植物配置、灯具、小亭、篱笆、流水等巧妙搭配，可以创造出一条条优美宜人的“健康路径”，营造出一种曲径通幽、错落有致的极富创意和个性的景观空间。这种回归自然的景观环境设计，将以自然的材料、传统的韵味、现代的设计手法唤起人们美好的情趣和情感寄托，让人与大自然共栖，尽情体验“天人合一”的美的最高境界(图9-52)。

图 9—48

图 9—49

图 9—50

图 9—51

图 9—52

第四节　风景园林区道路的铺装

被称为城市“绿洲”的风景园林区是广大市民追求自然、接近自然、享受自然的最佳去处。它的存在，使人类追求自然的天性能够在高楼林立的城市空间环境中有机会得到满足。它在改善城市生态环境，保护生态平衡中都发挥了不可估量的作用。

而当人们在园区里休憩活动时，视线所及的，除了蓝天、白云、树木外，接触最多的应该就是园区的地面了。因此，我们深信在风景园林区的地面铺装上花大功夫是非常值得的。这些风景园林道路的铺装不仅需要突出园林的主题特色，更重要的是不应破坏风景园林中自然景观的整体风貌，并应以具有自然特色的功能美毫无痕迹地融入原有自然景观或人工自然景观之中(图9-53、图9-54)。

图 9—53

图 9—54

风景园林区道路以步行为主，园路布局应从园林的使用功能出发，根据地形、地貌、风景点的分布和园务活动的需要综合考虑，统一规划。园路应因地制宜，主次分明，有明确的方向性。一般可将园路分为以下几类：

1) 主路　联系园内各个景区、主要风景点和活动设施的路。通过它对园内外景色进行剪辑，以引导游人欣赏景色。

2) 支路　设在各个景区内的路，它联系各个景点，对主路起辅助作用。考虑到游人的不同需要，在园路布局中，还应为游人由一个景区到另一个景区开辟捷径。

3) 小路　又叫游步道，是深入到山间、水际、林中、花丛供人们漫步游赏的路。

4) 园务路　为便于园务运输、养护管理等需要而建造的路。这种路往往有专门的入口，直通公园的仓库、餐馆、管理处、杂物院等处，并与主环路相通，以便把物资直接运往各景点。

园路的铺装应根据各种生态原则进行设计，应力求与自然高度融合，以保持风景园林区生态系统的良性循环和可持续发展。由于要承受人流荷载和风、雨、寒、暑等气候作用的影响，要求铺装材料应具备坚固、平稳、耐磨，有一定的粗糙度，少尘土，便于清扫的特性。石料板材、块石、拳石、卵石、碎拼石材、木砌块等天然材料以及仿花岗石水泥混凝土砌块、水泥混凝土仿拳石砌块、使用天然沙砾的脱色沥青混合料、表面研磨的半柔性铺装、采用表面腐蚀工艺的水泥混凝土路面、水刷式表面露出集料的水泥混凝土路面等具有自然色调和质感的材料都是较好的选择（图9-55、图9-56）。

此外，园路的构形设计应具有曲折性和多样性的特点。园路应随地形和景物而曲折起伏，若隐若现，“路因景曲，境因曲深”，造成“山重水复疑无路，柳暗花明又一村”的情趣，以丰富景观，延长游览路线，增加层次景深，活跃空间气氛（图9-57、图9-58、图9-59）。园林中路的形式应该是多种多样的。在人流集聚的地方或在庭院内，路可以转化为场地；在林间或草坪中，路可以转化为步石或休息岛；遇到建筑，路可以转化为“廊”；遇山地，路可以转化为盘山道、磴道、石级、岩洞；遇水，路可以转化为桥、堤、汀步等。总之，良好的园路铺装设计应该以它丰富的体态和情趣来装点园林，使园林又因路而引人入胜，形成宜人的自然环境和景观，将人与自然融为一体，实现人们在城市园林中，亲和自然、享受自然的主要活动目的（图9-60、图9-61、图9-62、图9-63）。

事实上，从有文字记载的殷周时期的囿算起，中国园林已有三千多年的历史，随着社会的进步，中国园林逐渐形成独特的民族形式，自成体系，而在园路面层铺装设计上也形成了特有的风格。

中国园林强调“寓情于景”，在园路面层设计时，会有意识地根据不同主题的环境，采用不同的纹样、材料来加强意境。北京故宫的雕砖卵石嵌花甬路，是用精雕的砖、细磨的瓦和经过严格挑选的各色卵石拼成的。路面上铺有以寓言故

图9—55

图9—56

图9—57

事、民间剪纸、文房四宝、吉祥用语、花鸟虫鱼等为题材的图案，以及《古城会》、《战长沙》、《三顾茅庐》、《凤仪亭》等戏剧场面的图案。江南古典园林中的"花街铺地"用砖、卵石、石片、瓦片等，组成四方灯锦、海棠芝花、攒六方、八角橄榄景、球门、长八方等多种多样图案精美和色彩丰富的地纹，其形如织锦，颇为美观(图9-64)。苏州拙政园海棠春坞前的铺地选用万字海棠的图案。北京植物园牡丹园葛巾壁前的广场铺地，采

图 9—58

图 9—59

图 9—60

图 9—61

图 9—62

图 9—63

用盛开的牡丹花图案。在中国传统铺地的纹样设计中，还用各种“宝相”纹样铺地。如用荷花象征“出污泥而不染”的高洁品德；用忍冬草纹象征坚忍的情操；用兰花象征素雅清幽，品格高尚；用菊花的傲雪凌霜象征意志坚定等。

中国园林强调园路是园景的一部分，应根据景的需要作出设计，路面或朴素、粗犷；或舒展、自然、古拙、端庄；或明快、活泼、生动。园路以不同的纹样、质感、尺度、色彩，以不同的风格和时代要求来装饰园林。如杭州三潭印月的一段路面，以棕色卵石为底色，以橘黄、黑两色卵石镶边，中间用彩色卵石组成花纹，显得色调古朴，光线柔和。在中国新园林的建设中，继承了古代铺地设计中讲究韵律美的传统，并以简洁、明朗、大方的格调，增添了现代园林的时代感。如用光面混凝土砖与深色水刷石或细密条纹砖相间铺地，用圆形水刷石与卵石拼砌铺地，用白水泥勾缝的各种冰裂纹铺地等。此外，还用各种条纹、沟槽的混凝土砌块铺地，在阳光的照射下，能产生很好的光影效果，不仅具有很好的装饰性，还减少了路面的反光强度，提高了路面的抗滑性能。而在一些特殊场地的铺装设计中有意识地利用色彩变化，可以把“情绪”赋予风景，丰富和加强空间气氛。例如，北京紫竹院公园入口用黑、灰两色混凝土砖与彩色卵石拼花铺地，与周围的门厅、围墙、修竹等配合，显得朴素、雅致。

图 9–64

在此将以上收集到的关于中国园林园路铺装设计的资料共享给大家，以便于借鉴、参考，并且希望设计者能够更进一步，运用现代的设计手法以及丰富多样的铺装材料和施工工艺，创造出赏心悦目、古朴自然的园路景观。

第五节　岸线道路的铺装

水体是城市发展的重要因素，古今中外许多著名城市都地处江河湖海之滨。这些城市的生活岸线不仅仅是城市的天然边界，也能够以其自然景观的优势，为城市人文景观的形成提供良好的环境背景，成为以轴线景观(如风景道路)为主体的自然公园，是最受市民欢迎的独具魅力和吸引力的城市公共开放空间。地面铺装是构成岸线景观的基本元素之一，巧妙的铺装景观设计可以使空间更具魅力和吸引力(图9-65、图9-66、图9-67)。

近年来，挖掘城市滨水地区的独特韵味，寻求充分体现和发挥滨水城市特色的建设和发展模式，已经成为我国滨水地区城市景观规划研究的一个重要方面，其中一些大城市已经取得了较为显著的成果。

例如，上海市为了树立国际大都市的形象，对外滩进行了重点改建。新建的外滩广场沿着黄浦江这条轴线，由两层沿江步行广场串联几个主题广场构成。沿江步行广场的地面采用暖灰色高级防滑地砖，局部以花岗石覆面，并辅以几何图案，从色调上与外滩建筑群呼应。沿江护柱以磨光花岗石饰面的栏板为主，同时以半圆形出挑平台上的铸铁栏杆点缀，既整洁又有韵味。广场花坛的边缘变形而成一个个半圆形的坐椅，为游客提供了舒适的休息空间。如今，上海外滩已经成为上海市人民心中的骄傲，是上海市的重要标志之一(图9-68)。

广州也是我国著名的滨水城市，“母亲河”珠江孕育了广州并赋予它两千多年的旺盛生命力。珠江“一江两岸”城市景观带是广州市政府拟定的广州城市形象工程之一，为此，广州市城市规划局编制了专门的“珠江两岸景观设计项目”，对珠江沿岸统一规划。沿线均采用栏杆、花池、坐椅、指示牌、垃圾箱、路灯、人行道路面这七要素为景观构成的基本元素，并强调空间的连续性、统一性、协调性和可持续性四大原则。珠江两岸城市景观建设突出珠江的特点，把“岭南文化”精髓融汇其中，体现广州都市和珠江十里长堤的宏伟气魄。堤岸栏杆以厚重的花岗石为主要材料，以凹凸不平的天然开采石面和精细打磨表面

图 9–65

图 9–67

图 9–66

图 9–68

相结合，粗犷中示精致，精致中显粗犷，实现了现代与自然的结合，岭南风格跃然在目。堤岸以彩色水磨石铺地，间以灰色花岗石，以衬托堤岸栏杆。灯光分三个层次，以栏杆灯为主导光源，步行道布置低照度广场灯和树下泛光灯，渲染夜景舒适宜人的氛围。堤岸外沿埋置脚灯，勾勒栏杆轮廓，让对岸行人和船上游客能遥望熠熠生辉的堤岸。目前，广州市“珠江沿岸景观设计项目”正在顺利实施，部分地段已经取得成效，这将成为塑造广州城市新形象的重要闪光点(图9-69)。

图 9—69

第六节　人行道的铺装

人行道是城市道路网中仅次于行车道的重要组成部分，是专门用于集散人流、供步行者通行并限制机动车交通混入的街道。人行道通常设置于车行道两侧，其宽度和铺装水平对于保证车行道交通流畅与步行者行走安全极为重要。

人行道是步行者的通道，与人群关系密切，因此对美观与功能上都有更高的要求。总的来说，对人行道铺装的基本要求是希望能够提供有一定强度、耐磨、防滑、舒适、美观的路面(图9-70)。在潮湿的天气能防滑，便于排水，在有坡之处即使在恶劣气候条件下也安全，同时造价低廉，有方向感与方位感，有明确的边界，有合适的色彩、尺度与质感。色彩要考虑当地气候与周围环境，尺度应与人行道的宽度、所在地区位置有正确的关系。而质感也要注意场地的大小，大面积的可粗糙些，小面积的不可太粗糙。

除此之外，人行道设置于车行道两侧时，不同等级的道路还会对其功能和景观设计提出不同的要求。在快速路与主干路等交通性道路上，必需保证机动车辆快速、舒适、安全的行驶，对行人可能给交通流造成的干涉、阻滞应该严格加以限制。除采用立体交叉外，还可以采用隔离栅、断差、专用人行通道或过街天桥来隔离疏导人流(图9-71、图9-72)。对于景观设计则要求有较强的整体感。而在次干道和支路等生活性道路上，设计车速低、通行交通量少，其两侧的人行道最适于步行。车行道和人行道之间可不必设置硬质隔断。必要时，对这类人行道可以采用适当措施使其成为更加安全舒适的步行区域(图9-73)。此外，这类人行道对景观的要求较高，不但要注意整体性，对细部也要进行精心的设计。

图 9-70

图 9-71

图 9-72

图 9-73

一、交通性道路人行道的铺装

交通性道路是以满足交通运输为主要功能的道路，承担城市主要的交通流量及对外交通的联系。其特点为车速高，车辆多，车行道宽，道路线型要符合快速行驶的要求，道路两旁要求避免布置吸引大量人流的公共建筑。

这类街道上行人数量较少，街道景观的观赏者主要在行进的车辆中，所以人行道铺装的构形一般较简洁，色彩不易太复杂，以此适应快速行进的观赏者。一般采用砌块类材料铺装，留有较大的拼缝间距，以产生较大的尺度感。可以采用大尺度的重复构图，让铺装具有节奏感，使人产生快走的感觉(图9-74)。

交通性道路的车辆设计速度较快，为了加强行人的安全感，要对人行道边缘进行处理，可改变边缘铺装的色彩、材质，可设置具有文化内涵的隔离墩、路缘石，既实现了各功能区的划分，又增加了景观环境的可观赏性与可读性，符合人们的审美要求(图9-75、图9-76)。

在我国，交通性街道多数为机动车、自行车和行人共用。如果各种交通流的通道分割不合理就会影响交通的安全性，由于自行车与行人冲突的危险性远远低于机动车与自行车冲突的危险性，借鉴国外经验，可将自行车道与机动车道严格分离开来，将自行车道与人行道置于同一标高，只用色彩区分，既可确保城市道路交通的顺畅，又可提高道路交通安全性(图9-77)。

图 9-74

二、生活性道路人行道的铺装

生活性道路是以满足城市生活性交通要求为主要功能的道路，主要为城市居民购物、社交、游憩等活动服务，以步行和自行车交通为主，机动交通较少，道路两旁多布置为生活服务的、人流较多的公共建筑及居住建筑，要求有较好的公共交通服务条件。

由于此类道路是居民日常生活的主要场所，是人流最集中的地区，也是人们停留时间最长的街道空间，因此应该选择具备非常好的防滑性、透水性和弹性的铺装材料，来为人们提供一种方便行走、脚下不滑、不易摔绊、不易疲劳的舒适路面(图9-78)。

生活性道路车行速度较慢，自行车与步行交通量较大，行人是街道景观的主要观赏者，因此步行者视觉上的适应性是铺装设计的一个重要要求，赏心悦目的铺装景观可以使行走变得轻松愉快。一般要求铺装尺度采用人体尺度或小尺度，给人以亲切感、舒适感，对于较宽的人行道，可通过图案的间隔、线条的划分降低尺度感，吸引更多的人驻足(图9-79、图9-80)。色彩设计应该丰富多彩，同时要注意与周围建筑环境相协调(图9-81、图9-82)。构形多采用重复形式，给步行赋予一种节奏感。可以通过加强铺装图案的细部设计，使铺装更具可观赏性和可读性，增加景观的文化内涵，以满足人们在行进过程中，对街道景观的品评、联想、回味(图9-83、图9-84)。例如，在通往学校的人行道上镶嵌具有科普意义的卡通画，孩子们在上学的路上就可学到知识，这种极具趣味性的创意会很受孩子们的喜欢。此外，这种精心设计的细部图案重复出现不但能营造一种韵律感，还具有极强的指向作用，给人以路径感，诱导人行进。而通过细部设计将道路信息足够多地反映到铺装面上，让路面高度信息化，会使行人很容易明白所在公共场所的情况(图9-85)。

营造人性化的步行空间是进行铺装景观设计的最终目标，为了充分体现对人的尊重，使步行空间更具吸引力，在设计中就要注意满足各类人群的要求。例如，一条人行道可以采用两种不同形式的铺装，外侧直线形步道为快速通过的行人设计，内侧曲线形步道为休闲散步者设计；或者外侧采用大尺度构图，让人产生快走的感觉，而内侧采用小尺度构图，让行人悠闲随意地在大街上浏览橱窗、散步、休闲、交谈；或通过绿化带划分出行走空间和

图 9-75

图 9-76

图 9-77

图 9—78

图 9—79

图 9—80

图 9—81

图 9—82

图 9—83

图 9—84

图 9–85

图 9–87

图 9–86

图 9–88

停留休息空间等。既满足了必要性步行活动的要求，又大大诱发了自发性和社会性步行活动的发生，使城市街道生活变得生机勃勃，真正体现了以人为本的设计原则。

为了使街道更富个性，视觉上更容易判断，在人行道铺装上还可以采用按街道或街区逐渐改变铺装的色彩、质感、构形等，也可以在东西向街道和南北向街道上使用不同的铺装材料或铺装色彩，使人们很容易把握城市的方向，这对外来旅游、公出的人们来说是非常方便的。

为了增强行人的安全感，生活性道路的人行道亦应有明确的边界，对人行空间与车行空间进行有效的界定，以强化空间的秩序性，一般采用断差的方式进行界定(图9-86)。当道路空间较狭窄时，为了增强空间的开敞性，也可将车行道与人行道设置在同一高度上，通过改变铺装材料、色彩，配合限定高度的隔离墩、界桩、栏杆、绿化花台等进行有效的空间界定(图9-87)。

图 9–89

此外，在小巷、住宅或停车库等出入口处，可以适当降低人行道路面标高，这种做法既便于车辆进出，又保证人行道的连续性，向驾驶人员暗示行人优先的原则(图9-88)；而当人行道与车行道标高相差不大时，可以在出入口两旁设置隔离墩，以提醒行人注意车辆出入，避免交通事故发生(图9-89)。

第七节　停车场的铺装

停车场的设置应结合城市规划布局和组织道路交通需要来合理安排。在大型公共建筑、重要机关单位周围以及公共电汽车首末站场均应布置适当容量的停车场。大型建筑配备的停车场应与建筑物位于主干路的同侧。人流、车流量大的公共活动广场、集散广场宜按分区就近原则，适当地分散安排停车场。对于步行街和商业街，可在合理集散交通的原则下适当集中地安排停车场。这些停车场也是与广场类似的一种开敞空间，但其实用的功能属性更加明确，即主要服务于停驻车辆和集散调度车辆，因此其铺装的景观设计必然更加强调功能美。

透水式沥青路面、透水式水泥混凝土路面、半柔性路面都具有足够的抵抗变形能力，能够承受长时间的荷载作用，是较好的停车场铺装材料(图9-90)。为了加强停车诱导，并产生较好的景观效果，可以在透水性沥青路面表面喷涂聚丙烯类或其他类别树脂涂料，透水式水泥混凝土路面、半柔性路面可以通过表面着色的方法，形成不同色彩的铺装，区分出进口通道和出口通道，形成良好的交通流线组织，避免车流相互交叉(图9-91)。

而厚的联锁式混凝土砌块具有良好的承载能力，也是较好的停车场铺装材料(图9-92)。采用不同色彩的铺装可以使驾驶人员很容易分辨出进口通道和出口通道，使用白色或其他对比色的联锁式混凝土砌块在不同颜色的铺装背景下可以砌筑出醒目的指路标识和车位号，对停车具有很好的诱导作用。此外，采用空心植草砌块进行铺装，既可为车辆提供平整的硬质铺装，又可以保护植草不被车辆碾压死亡，有效改善场地的环境与景观，这种全天候绿色停车场也受到人们的欢迎(图9-93)。

图 9—90

图 9—92

图 9—91

图 9—93

第八节　车行道的铺装

城市道路相对公路而言交通频繁，交通量大，持续性使用道路时间长，有一定的市容、景观要求，因而要求道路完好率高，维修周期长，有足够的强度，承受行车荷载引起的垂直变形和水平变态、磨损和疲劳；有足够的稳定性，保证路面在各种气候、水文条件下保持稳定的强度；平整度好，以减少行车阻力和颠簸，提高车速；粗糙，保持轮胎与路面间有足够的磨擦阻力，以充分发挥车辆的有效牵引力，保证行车安全；清洁，避免采用松散材料铺筑而产生扬尘和噪声。

目前，城市道路一般采用沥青类路面或水泥混凝土路面(图9-94)。

图 9—94

沥青类路面是沥青材料做结合料粘结矿料或混合料修筑面层与各类基层和垫层组成的路面结构。沥青面层使用沥青结合料，因而增强了矿料间的粘结力，提高了混合料的强度和稳定性，使路面的使用质量和耐久性都得到提高。与水泥混凝土路面相比，沥青类路面具有表面平整、无接缝、行车舒适、耐磨、振动小、噪声低、施工期短、养护维修简便、适宜于分期修建等优点，因而获得广泛应用。

水泥混凝土路面，包括素混凝土、钢筋混凝土、连续配筋混凝土、预应力混凝土、装配式混凝土、钢纤维混凝土和混凝土小块铺砌等面层和基(垫)层所组成的路面。而采用最广泛的是就地浇筑的素混凝土路面，简称混凝土路面。所谓素混凝土路面，是指除接缝区和局部范围(边缘和角隅)外部配置钢筋的混凝土路面。与其他类型路面相比，混凝土路面具有的优点是：强度高，具有较高的抗压强度和抗弯拉强度以及抗磨耗能力；稳定性好，水稳性、热稳性均较好，特别是它的强度能随着时间的延长而逐渐提高，不存在沥青路面的那种“老化”现象；耐久性好，一般能使用20~40年，而且它能通行包括履带式车辆等在内的各种运输工具；与沥青路面相比，养护费用少，经济效益高；路面色泽鲜明，能见度好，有利于夜间行车。而同时混凝土路面也存在对水泥和水的需要量大、有接缝、开放交通较迟、修复困难等缺点。

随着我国城市道路建设的快速发展，经济水平的不断提高，采用彩色沥青等景观材料进行城市道路车行道面层铺装会具有很好的发展前景。既可满足人们对道路景观越来越高的要求，又可以充分发挥景观铺装的交通功能，提高道路交通的安全性。

例如，在主要干道线路上以彩色沥青铺装区分出公共交通车线路和一般车辆行驶线，形成公共交通专用车道，这种方法将成为促进公共交通发展的重要手段(图9-95)。使用彩色骨料的热碾式沥青混合料铺装车行道，在车辆行驶的动态视觉条件下可以得到明晰的色彩感受，尤其是墨绿色骨料的彩色路面不仅增加稳定感，使驾驶人员心理沉着稳定，而且在炎热的夏季显得格外凉爽，对于驾驶人员和步行者，都会产生舒适逾越的感觉。而使用采用玻璃珠作为填充材料的沥青路面或亮色铺装的沥青路面，可以提供良好的光反射效果，增加夜间行车安全性。此外，将彩色路面或亮色路面铺设在交叉口道路分流点、桥面、加油站、收费站、行人过街斑马线、儿童上学道路、医院出口道路、十字路口、急弯陡坡等处，用来形成与普通沥青路面的对比路段，提示警告特殊的交通条件，使驾驶人员减速慢行，可以有效地避免交通事故发生(图9-96、图9-97、图9-98、图9-99)。

由于以上景观铺装路面使用的材料、级配、结构和工艺都与普通沥青路面大致相同，而且其技术性能都能够满足各种荷载与气候条件的要求，因此在今后的城市道路车行道路面铺装中必将得到广泛应用(图9-100、图9-101)。

图 9–95

图 9–96

图 9–97

图 9–98

图 9–99

图 9–100

图 9–101

第九节　隧道的铺装

隧道所提供的交通空间是个封闭型空间，在交通心理上会对驾驶人员产生重要的影响。当车辆穿过隧道时，驾驶人员要经历由明到暗再到明的视觉变化，为了降低这种暗适应和明适应对行车安全带来的影响，对隧道内的照明设备提出了高标准的要求。

当采用亮色沥青铺装隧道内的路面时，可以有效提高道路表面的反光率，降低照明电力消耗，节约能源。此外，在隧道入口处改变铺装的色彩，可以给驾驶人员一种心理暗示，使其减速慢行通过隧道，从而提高交通安全性。

第十节　气候对铺装景观的影响

景观铺装设计要考虑地区的气候特点。应根据不同的气候条件，选择不同性能的材料，在南方炎热多雨地区，应选用吸水性强，表面粗糙的铺装材料，在雨季起防滑作用；而北方寒冷地区，应选择吸水性差，表面粗糙且坚硬的材料，防冻防滑，同时除雪时不易损坏。此外，用于北方寒冷地区的铺装材料还应该具备较好的耐气候变化性，避免因冻害而出现剥离等破损情况，以至影响整体景观。

色彩是路面景观铺装设计中最易创造气氛和情感的要素，在色彩设计上，要利用色彩的视觉特性改善环境心理感受。在南方炎热地区，夏季时间长，气温较高，可以考虑多用冷色调，让人们产生清凉感(图9-102)；而在北方寒冷地区，冬季时间长、寒冷，可多用暖色调，以改善人们的心理感受，增强环境的视觉舒适性空间，给北方漫长的寒冬增添一丝暖意(图9-103)。

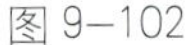

图 9-102

图 9-103

第十一节　广告在铺装景观中的应用

广告是信息时代商品社会的产物，街道广告在现代城市景观中起着重要作用，它是城市景观中具有活力的传播媒体，作为我们社会的一部分，被大家所接受。街道广告的目的在于宣传，要让更多的人看到其宣传的内容。

街道广告需要强调视觉刺激，为此往往尺寸较大，甚至因遮挡整栋建筑物而改变城市原有的空间形态，进而影响城市形象。有时广告还会侵入道路，干扰交通的正常运行。目前，北京市主要道路边上立起的大型广告牌，无论面积还是高度都是普通交通标志牌的2～3倍以上，独特的创意、缤纷的色彩非常引人注目，过往的司机都忍不住要多看几眼。更有甚者，有的颜色、字体、图案等都与交通标志牌极为相似，这些漂亮的广告牌，很容易令司机混淆，往往干扰了交通标志，吸引了司机的目光，为交通事故埋下隐患。北京三元东桥的三环路旁立起一块巨型立邦漆广告牌后，这一路段已连续发生多起追尾事故。因此，交通专家呼吁：请警惕“视觉杀手”，让这些“道路杀手”远离司机视线，不要让它们成为交通事故的帮凶。目前，一些城市已经对街道上的广告作品提出严格的尺寸要求和位置控制，但关于城市道路上如何设置广告牌的法规还未出台。

其实广告设计也可以体现在铺装景观中，既然我们已经习惯了墙面上的广告，为什么不能接受地面上的广告呢？这样做不但可以节约城市空间，而且以广告为设计内容的地面铺装还可以成为现代城市中一种引人注目的景观。地面广告可以设置在人流汇集的空间，如商业广场、休闲娱乐广场、步行商业街、生活性街道两侧较宽的人行道的地面铺装中(图9-104)。尤其是商业广场与步行商业街，广告数量较多，部分广告设置在地面上，既节省了空间，又突出了街道的商业气氛。以广告的内容作为铺装的图案，会产生良好的视觉效果，活跃气氛，吸引人们的注意力，给人们留下深刻印象，既增强了铺装景观的可观赏性与可读性，又达到了商家的宣传目的。例如，在一些专卖店的门前，采用所经营的商品形象作为铺装图案进行地面铺装设计，可以使顾客产生好奇心和愉悦感，增强人们的消费愿望。考虑到广告内容的更新和便于图案的拼制，可采用施工方便、规格较小的砌块材料进行设计(图9-105)。也可以采用表面涂敷路面，使用预先制作的模板，将地面作为画板自由地加以表现，使地面广告色彩更亮丽，内容更丰富，形象更逼真，以获得更好的环境景观效益和商业效益。

HOTEL
RESTAURANT
P
McDrive

图 9—104

P
ROUES
ESPACE CASTIGLIONE
ESPACE CASTIGLIONE

图 9—105

第十章　铺装景观设计结构框架

在前几章中，我们系统研究了铺装景观的功能特性、设计原则和设计要素，对铺装景观材料、结构与施工工艺进行了详细介绍，并阐述了各类广场、商业街、居住区道路、风景园林区道路、岸线道路、人行道、停车场、车行道以及隧道等具体环境中铺装景观的特点。经过以上对铺装景观理论、方法及应用的系统研究，我们建立铺装景观设计结构框架如下图：

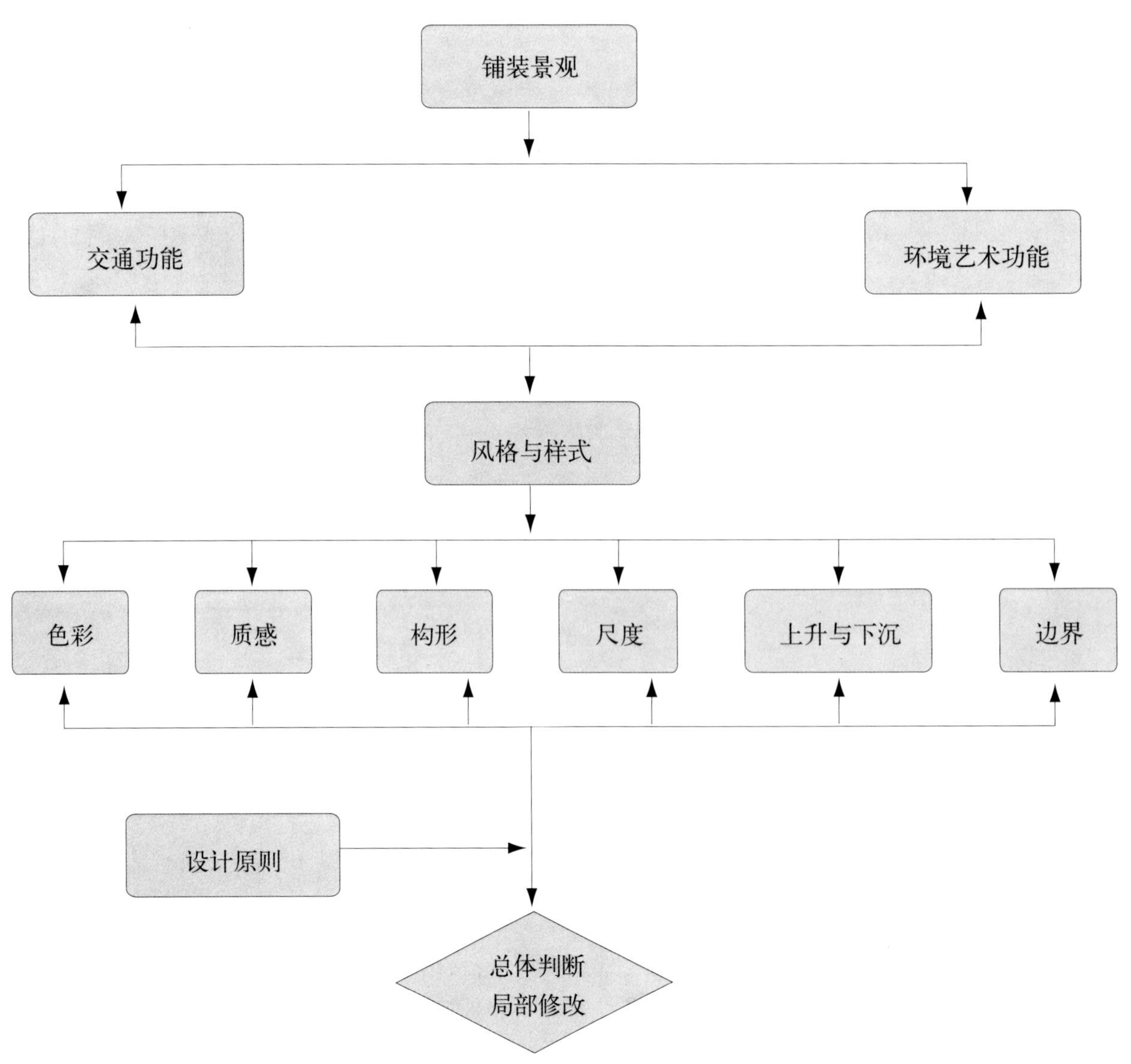

铺装景观设计结构框架图（a）

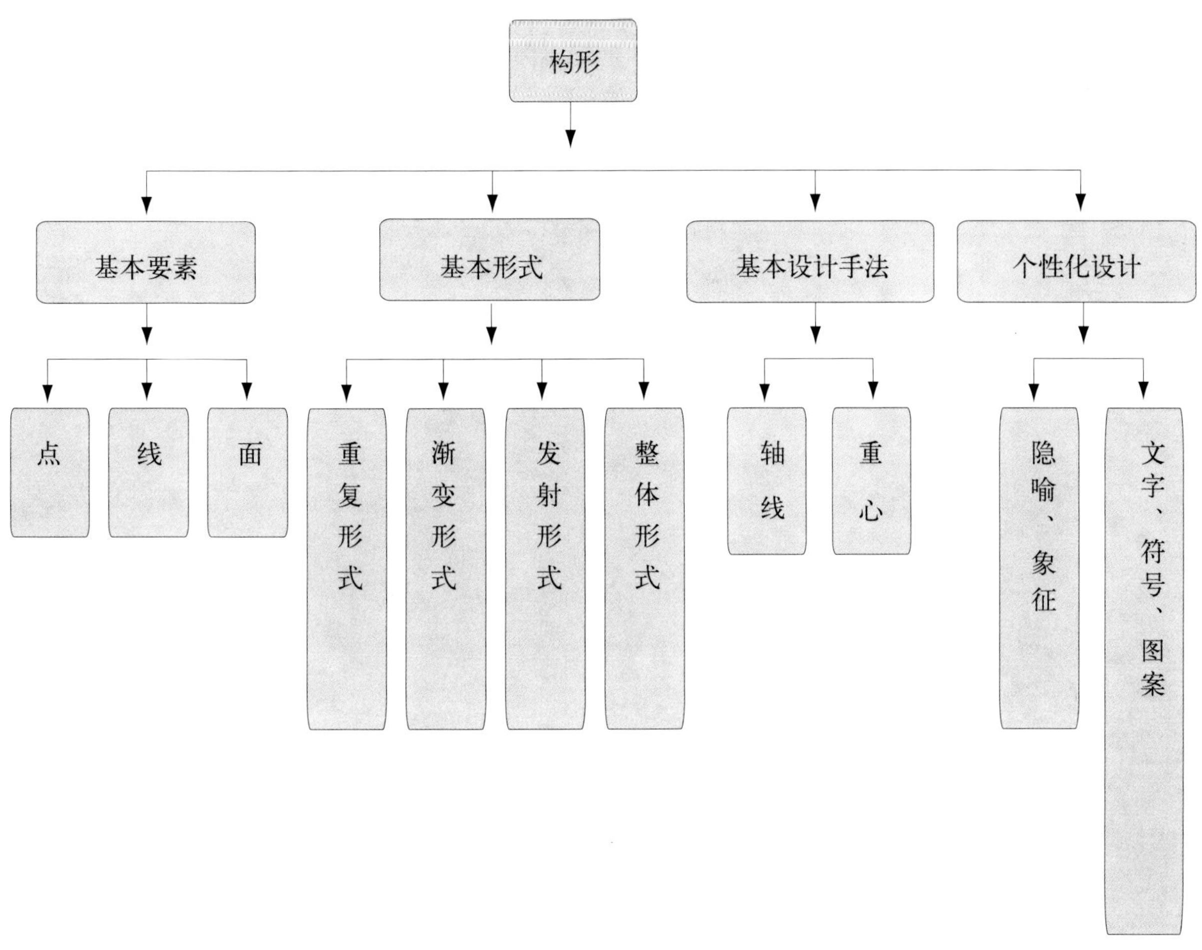

铺装景观设计结构框架图（b）

由图中可明显看出，铺装景观的目的即是要实现其交通功能与环境艺术功能，也正是由于铺装景观具有以上两大功能，我们才要对其进行系统研究，继而广泛应用。由于铺装环境决定铺装性质，因此在不同的铺装环境中要采用不同的风格样式实现所强调的功能。而风格样式又是由各铺装要素：色彩、质感、构形、尺度、上升与下沉、边界来确定的。由此可见，合理选择各铺装要素是铺装景观设计的关键。而铺装景观的设计原则是判断铺装设计是否成功的依据，通过总体判断，局部修改，最终将获得令人满意的铺装景观设计作品。

参 考 文 献

1 （日）画报社编辑部.地面铺装.唐建等译.沈阳：辽宁科学技术出版社，2003

2 铃木敏．道のバリアフリ｜．东京：技报堂出版，2002

3 夏传芬．交通标志世界．北京：中国计划出版社，2002

4 （英）罗宾·威廉姆斯.小庭院设计.郭春华译.贵阳：贵州科技出版社，2001

5 （日）Landscape Design 杂志社.日本最新景观设计.刘云俊译.大连：大连理工大学出版社，2001

6 董明，何舜之．美丽家园．贵阳：贵州科技出版社，2001

7 文国玮．城市交通与道路系统规划．北京：清华大学出版社，2001

8 （美）约翰·O·西蒙兹．景观设计学．俞孔坚等译．北京：中国建筑工业出版社，2000

9 张肖宁，金广君．铺装景观．北京：中国建筑工业出版社，2000

10 中国城市规划协会．商业区与步行街．北京：中国建筑工业出版社，2000

11 中国城市规划协会．城市广场Ⅰ．北京：中国建筑工业出版社，2000

12 中国城市规划协会．城市广场Ⅱ．北京：中国建筑工业出版社，2000

13 吕正华，马青．街道环境景观设计．沈阳：辽宁科学技术出版社，2000

14 单霓，郭嵘，卢军．开放空间景观设计．沈阳：辽宁科学技术出版社，2000

15 任致远．21 世纪城市规划管理．南京：东南大学出版社，2000

16 王文卿.城市地下空间规划与设计.南京：东南大学出版社，2000

17 郑宏．广场设计．北京：中国林业出版社，2000

18 郑宏．环境景观设计．北京：中国建筑工业出版社，1999

19 金广君．图解城市设计．哈尔滨：黑龙江科学技术出版社，1999

20 王珂，夏健，杨新海．城市广场设计．南京：东南大学出版社，1999

21 吴明伟，孔令龙，陈联．城市中心区规划．南京：东南大学出版社，1999

22 周俭．城市住宅区规划原理．上海：同济大学出版社，1999

23 童林旭．地下商业街规划与设计．北京：中国建筑工业出版社，1998

24 赵恩棠，刘晞柏．道路交通安全．北京：人民交通出版社，1997

25 齐康．城市环境规划设计与方法．北京：中国建筑工业出版社，1997

26 徐云祥，吴林春．装饰造型基础．南京：东南大学出版社，1997

27 土木学会．鋪装工学．東京：社团法人土木学会，1995

28 赵夫晶．城市道路规划与美学．南京：江苏科学技术出版社，1994

29 白德懋．居住区规划与环境设计．北京：中国建筑工业出版社，1993

30 陆鼎中，程家驹．路基路面工程．上海：同济大学出版社，1992

31 鈴木敏．景観鋪装の知識．東京：技報堂出版，1992

32 （英）G·卡伦．城市景观艺术．刘杰，周湘津译．天津：天津大学出版社，1992

33 （丹麦）杨·盖尔．交往与空间．何人可译．北京：中国建筑工业出版社，1992

34 熊广忠．城市道路美学．北京：中国建筑工业出版社，1990

35 （美）J·O·西蒙兹．大地景观．程里尧译．北京：中国建筑工业出版社，1990

36 树脂系すべり止め铺装要领书．树脂铺装协会，1990

37 肖敦余，胡德瑞．小城镇规划与景观构成．天津：天津科学技术出版社，1989

38 赖维铁．交通心理学．武汉：华中理工大学出版社，1988

39 鈴木敏．街路のほなし．東京：技报堂出版，1988

40 金井格．人のための道と広场の鋪装．东京：技报堂出版，1987

41 清华大学建筑系．中国古代建筑．北京：清华大学出版社，1985

42 （瑞士）约翰内斯·伊顿．色彩艺术．杜定宇译．上海：上海人民美术出版社，1985

43 （美）M·盖奇．城市硬质景观设计．张仲一译．北京：中国建筑工业出版社，1985

44 （日）芦原义信．外部空间设计．尹培桐译．北京：中国建筑工业出版社，1985

45 土木学会．街路の景　设计．東京：技報堂出版，1985

46 （日）小形研三，高原荣重．园林设计．索靖之，任震方，王恩庆译．北京：中国建筑工业出版社，1984

47 段里仁．城市交通概论．北京：北京出版社，1984

48 筱原修．土木景　设计．東京：技報堂出版，1982